编委会机构名单

中华潮菜，人人所爱

——《中华料理 · 潮菜文化丛书》序

林伦伦

经过大师们一字一句的不辍努力，这套《中华料理 · 潮菜文化丛书》第一批稿子终于杀青了。丛书主编纪总瑞喜兄让我为丛书作个序言。我跟纪总可以算是老朋友了，20多年前我还在汕头大学工作的时候，就曾经帮纪总策划印行过一本当时比较时尚、文化味较浓的建业酒家菜谱，从此就没少来往。老朋友有请，我却之不恭，就只好以“吃货”冒充美食家，把大半辈子吃潮菜的体会写出来，充数作为序言。

我以前曾经认真拜读、学习过钟成泉大师的“潮菜三部曲”——《饮和食德：潮菜的传承与坚持》《饮和食德：老店老铺》《潮菜心解》和张新民大师的“潮菜姊妹篇”——《潮菜天下》及其续篇《煮海笔记》等大作，现在又阅读了钟成泉、纪瑞喜、林大川等潮菜大师的几本书稿，加上我是年近古稀的资深吃货一枚，经过60多年吃潮菜的“浸入式”实践和近十年来有一搭没一搭的“碎片化”思考，也终于对潮菜有了一定的心得体会。我曾经写过若干篇关于潮菜美食的小文章，如《在老汕头的转角遇见美食》《季节的味道》等，但要像上面提到的各位大师一样系统性地写成著作，我还没有这个能耐和胆量。现在，我就把这些“碎片化”的读书心得和美食体会先写出来，希望对大家阅读《中华料理 · 潮菜文化丛书》有帮助，就像吃正餐之前先吃个开胃小菜吧。

潮菜为外人所称道的特点之一是味道之清淡鲜美，讲究个“原汁原味”，我这里小结为“不鲜不食”。

味道的鲜美主要靠的是食材的生猛。潮汕人靠海吃海，潮汕是个滨海地区，海岸线长，盛产海产品。品种多样的海鲜，是潮汕滨海居民最原始的食材。南澳岛上的考古发现，8000多年前的新石器时代早期，属于南岛语系的土著居民就已经懂得打磨细小石器来刮、撬牡蛎等贝壳类水产品了。6000—3000年前新石器时代中晚期的贝丘遗址，土著居民吃过的贝壳类海产的壳已经堆积成丘，成为“贝丘遗址”了。等到韩愈在唐代元和十四年（819年）因谏迎佛骨被贬南下任潮州刺史，写下《初南食贻元十八协律》诗，把第一次吃离奇古怪、丑陋可怕的海产品时吃出一身冷汗的深刻印象描写给了一位叫“元十八”的朋友，已经是年代很晚的时候了，而且食材已经是经过烹饪，且懂得用配料相佐了：“我来御魑魅，自宜味南烹。调以咸与酸，芼以椒与橙。”

当然，我们不应该把粤东滨海地区土著居民的渔猎生活和食材当成潮菜的源流，但是，潮汕人吃海鲜至今还是保留近于“茹毛饮血”式的原汁原味，现如今闻名遐迩的“潮汕毒药”——生腌海鲜（螃蟹、虾、虾蛄），其味道鲜美至极，非一般烹饪过的海鲜所能比匹。“毒药”之戏称，意思是指像鸦片等一样，一吃就会上瘾。用开水烫一烫就装碟上桌、半生不熟、鲜血淋漓的血蚶，外地人掰开一看，大多数会像韩文公一样望而生畏，硬着头皮试一只，肯定是“咀吞面汗骍”；而潮汕人春节年夜饭的菜单上，这血蚶是必列的菜肴。蚶的壳儿潮语叫

中华料理·潮菜文化丛书

潮菜杂感

谢财喜 著

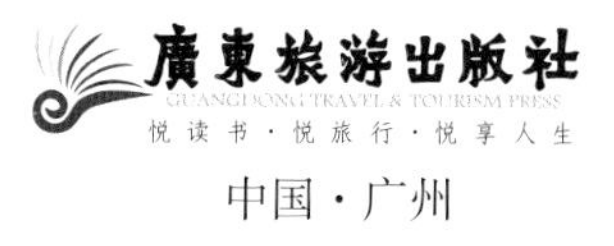

中国·广州

图书在版编目（CIP）数据

潮菜杂咸 / 谢财喜著. -- 广州 : 广东旅游出版社, 2024. 11. -- (中华料理·潮菜文化丛书). -- ISBN 978-7-5570-3428-3

Ⅰ. TS972.142.653

中国国家版本馆CIP数据核字第20241XW014号

出 版 人：刘志松
文化顾问：陈斯鑫
策划编辑：陈晓芬
责任编辑：方银萍
插　　图：艾颖琛　王琪琼　刘孟欣
封面设计：艾颖琛
内文设计：谭敏仪
责任校对：李瑞苑
责任技编：冼志良

潮菜杂咸
CHAOCAI ZAXIAN

出版发行：广东旅游出版社
（广州市荔湾区沙面北街71号首、二层）
邮　　编：510130
电　　话：020-87347732（总编室）020-87348887（销售热线）
投稿邮箱：2026542779@qq.com
印　　刷：广州市岭美文化科技有限公司
（广州市荔湾区花地大道南海南工商贸易区A栋）
开　　本：787毫米×1092毫米 16开
字　　数：210千字
印　　张：17.5
版　　次：2024年11月第1次
印　　次：2024年11月第1次
定　　价：98.00元

“蚶壳钱”，保留了史前时代以“贝”为币的古老习俗。吃了蚶，既补血，又有“钱”了，多好！

鱼饭也是一种原生态的“野蛮”吃法，巴鳞、鲇鱼等海鲜就在出海捕捞的渔船上，用铁锅和水一煮，在船板上晾一晾就吃，一起煮的可能还有同一网打起来的虾和蟹，多种味道释放、汇合，其味更佳。上水即吃，原汁原味，此味只应海上有。现在高档酒家里的冻红蟹，一只好几百元，甚至上千元，即源于这种原始的食法。有些地方，也仿效“鱼饭”之名，称作“蟹饭”“虾饭”等。

潮菜“不鲜不食”的特点，建立在与天时地利的自然融合上，其秘诀一是“非时不食”，一是“非地不食”。

所谓的“非时不食”，讲究的是食材的“当时”（当令）。潮菜食材讲究天时之美，也就是食材的季节性，我把它叫作“季节的味道”。这季节的味道，首先体现在食材选择的节令要求上，简单说就是“当时”（当令）或者“合时序（su^2）”，无论是海鲜还是蔬菜。

民间流传有潮语《十二月鱼名歌》（《南澳鱼名歌》），说明了海鲜在哪一个月吃最鲜美。歌谣云：

正月带鱼来看灯，二月春只假金龙，
三月黄只遍身肉，四月巴浪身无鳞，
五月好鱼马鲛鲳，六月沙尖上战场，
七月赤鬃穿红袄，八月红鱼作新娘，
九月赤蟹一肚膏，十月冬蛴脚无毛，
十一月墨斗放烟幕，十二月龙虾擎战刀。

你可以从这首歌谣中知道农历哪个月吃哪种鱼最当令。此外还有“寒乌热鲈”（冬吃鲻鱼，夏吃鲈鱼）、“六月鲫鱼存支刺”（言六月的鲫鱼不肥美，不好吃）、“六月乌鱼存个嘴，苦瓜上市鳓鱼肥”“六月薄壳——假大头”“六月薄壳米，食了唔甘漱齿（刷牙）”“夜昏东，眠起北，赤鬃鱼，鲜薄壳”“年夜尖头冬节乌”等谚语，说明了各种海产品“当时”（当令）的季节。

蔬菜、水果的时令就更加明显了：春夏之交吃竹笋，大夏天里是瓜果菱角，秋日里最香的是芋头，最甜的是林檎，冬春之交最有名的是潮汕特有的大（芥）菜和白萝卜。潮汕谚语云“正月团婿，二月韭菜”“清明食叶，端午食药”“（农历）三四（月）枇杷梅，五六（月）煠（sah[8]，煮）草粿”“三四桃李柰，七八油甘柿”“五月荔枝树尾红，六月蕹菜存个空（kang[1]）”（农历五月荔枝熟了，但通心菜却不当令）、“七月七，多哖（山捻子）乌，龙眼哋（水果成熟而壳儿裂开）”“九月蕹菜蕊，食赢鲜鸡腿”“霜降，橄榄落瓮”“立冬蔗，食委病痛”等，也都与季节的味道有关，简直就是食材采食时间表。

所以啊，懂行的话，你到潮汕来追鲜寻味，来个美食之旅，就得结合你来的季节、时令来点海鲜和蔬菜瓜果，一定要避免点不对时令的鱼、菜。美食行家把这叫“不时不食”。现在的大棚菜，反季节、违时令的菜也能种出来，人工养殖的鱼也可以反季节饲养，但是味道就是没有自然生长、当令的那么好了。

对海产品食材“鲜”的要求，还跟潮汐有关。高档的潮菜酒楼采购海鲜食材会精确到“时”，讲究“就流（lao[5]，劳）”。

“就流”鱼就是刚好赶潮流捕回来的鱼，“骨灰级”的吃货是自己直接到码头等着买“就流”的海货回家，现买现做现吃。过去的海鲜小贩有“走鱼鲜”“走薄壳”的说法。“走”就是跑，从靠渔船的码头“退”（批发）到海鲜，赶快往市场跑，谁的海鲜先到达菜市场，谁的海鲜就能卖个好价钱，因为是最新鲜的嘛，潮汕人讲究的就是“就流”这口“鲜甜”！我在南澳岛后宅镇还目睹过夜晚八九点到凌晨一两点钟的“就流”海鲜夜市，一筐头一筐头的海鲜摆满了夜市，购买者人头攒动，各自选择自己爱吃的鱼、虾、蟹等，好不热闹，听说这里面还不缺从汕头市区专车赶来的高级别吃货。

其实，对植物、动物类的食材也有这种“时”的讲究，例如挖竹笋要讲究在露水未开之前，而食用则是最好不要过夜（即使放进冰箱也不行）；新鲜的玉米也是当天“拗”（ɑ²，折断），当天吃，过夜不食。而火遍全国的潮汕牛肉火锅的牛肉，是在N小时内配送到店，有喜欢显摆的食客还拍到牛肉在“颤抖”的视频。所以，不少牛肉火锅店就开在离屠宰场不远的地方，讲究的就是尽量缩短牛肉配送的路程，以保持牛肉的鲜活度。

所谓的“非地不食”，讲究的是食材的原产地，我把它叫作“地理的味道”，或曰“家乡的味道”，这是指潮菜食材的地域性。潮汕各地山川形胜有所不同，民俗也有一些差异，此所谓“十里不同风，百里不同俗”。就是小吃，也是各有特色，潮州的鸭母捻、春卷、腐乳饼，揭阳的乒乓粿、笋粿，惠来的靖海豆粗、隆江猪脚，普宁的炸豆干、豆瓣酱，潮安凤凰山的栀粽、鸡肠粉（畲鹅粉），澄海的猪头粽、双拼粽球、卤鹅，汕头的西天巷蚝烙、老妈宫粽球（粽子）、新兴街炒糕粿、老潮兴粿品、百年银屏蚝烙……说不完，尝不尽。而考究的潮菜馆，对食材的要求也必须有空间感及品牌意识：卤鹅一定要澄海的，豆瓣酱要普宁的，芥蓝菜要潮州府城的，大芥菜（包括其腌制品“咸菜”）要澄海的，炸豆腐要普宁或者潮安凤凰山的，紫菜要南澳、澄海莱芜、饶平三百门的，鱿鱼要南澳的（宅鱿）……潮汕人吃海鲜，时间上讲究“就流”，而在空间上，讲究的是“本港”，就是本地出产的。在南澳岛，我曾经去市场买菜，才知道“本港鱿”和“白饶仔”（一种白色的牙签大小的小鱼儿）的价格是外地同类海产品的两倍以上，想买都不一定买得到，因为季节不对就断货了，市面上卖的都是外地来的。

潮人对食材出产地理的重视意识起源较早，而且基本达成共识，民间把它编成了“潮汕特产歌”来传唱。下面摘录一段，与大家分享。这类歌谣，各地版本都有所不同，大致唱自己家乡的，都会多编一些，谁不说俺家乡好呢！

揭阳出名芳豉油，南澳出名本港鱿；
凤湖出名青橄榄，南澳出名甜石榴；
南澳出名老冬蚸，地都出名大赤蟹；
葵潭出名大菠萝，澄海出名好卤鹅；
海门出名大红螺，月浦出名狮头鹅；
海山出名大虾插，溪口出名甜杨桃；
邹堂出名青皮梨，石狗坑出鸟梨畔；
府城出名鸭母稔，梅林出名大红柿；
下湖出名好荔枝，达濠出名鲜鱼丸；
樟林出名大林檎，隆都出名甜米粂；
凤凰出名单丛茶，内陇出名酥杨梅；
石马出名石马柰，东湖出名大西瓜；
……

潮菜的第二个特点是精心烹饪。文学家者流喜欢夸张地说潮菜烹饪大师们善于“化腐朽为神奇”。说“腐朽”过头了，说“普通”或者“一般”比较接近事实。潮菜的食材除了高档的燕窝、鱼翅、鲍鱼、海螺、海参、鱼胶、大龙虾等之外，其他菜品的食材多数是来自普通的海鲜、禽畜和蔬果。再简单不过的食材，也能花样翻新，做出色香味俱佳的菜肴来。我曾经在中央电视台的美食比赛节目里看到过，一位参加比赛的澄海大哥，获奖的一道汤叫“龙舌凤尾汤”。名称可是令人遐想顿生的、上得了厅堂的雅致；食材呢，不过就是几条剥壳留尾的明虾，加上几片切得薄薄的、椭圆形的、口感爽脆的菜脯（萝卜干）而已，成本也就在比赛规则限制的30元之内。看这个节目的时候，我就想起来著名文学家梁实秋先生写的跟随澄海籍的著名学者黄际遇教授在青岛大学（山东大学前身）吃潮菜时也谈到了的吃虾的情节。

黄际遇先生是个数学家，曾经留学日本、美国，也是一位国学根底深厚的学者，可以在中文系开讲“古典诗词和骈文”，在历史系开讲“魏晋南北朝史”。他也是个美食家，饮食考究，在青岛教书时还专门“从潮州（澄海）带来厨役一名专理他的膳食”。梁实秋跟着吃了，赞不绝口：“一道一道的海味都鲜美异常，其中有一碗白水汆虾，十来只明虾去头去壳留尾巴，滚水中一烫，经适当的火候上锅，肉是白的尾是红的。蘸酱油食之，脆嫩无比。”后来梁实秋到了台湾，想起要吃这道菜，就叫家里的厨子做了，就是没吃出青岛时的味道来。我想，有可能是虾选得不够新鲜、不是“就流”的，要不就是火候掌握不好，也许是煮老了。哈哈！

潮菜的“化普通为神奇”，其实源于千家万户的“主中馈”者（家庭主妇们）自觉不自觉的创新和创造。米谷主粮不够吃的年份，番薯几乎成了主食。主妇们愣是用多种烹饪方法，轮流使用，把番薯也做得香甜可口，久吃不厌。整个“熻（hib4，焖煮）”着吃，烤（煨）着吃，切片“搭”（贴在铁锅上）着吃，加米煮（番薯粥）着吃。如果家里有糖的话，糕烧或者做反砂薯块吃，那可是顶流吃法了，现在这两样都成了餐馆里顾客爱吃的最后甜点了。番薯还可以搓成丝儿煮粥，磨成泥提炼淀粉然后做蚝烙（牡蛎煎），做成小小的丸子可以煮糖水，家里有谁感冒发烧之后肠胃不好就煮着吃；还能做成番薯粉丝，我老家农村里叫“方（bang1）签”，逢节日时才煮来吃的，如果有鸡蛋、白菜，甚至五花肉、爆猪皮，那就是无论男女老少、人见人爱的佳肴了，类似于东北人都爱吃的东北菜——“乱炖”吧！至于驰名大江南北的“护国菜羹”，不过就是红薯叶泥和高汤做的一碗羹。当然了，给它配上一个精彩的历史故事使它有了文化内涵也很重要。

我们还可以举煮粥的例子，大米全国哪里没有？谁家没有？但是把煮粥做成餐饮行业的一个可以单独开店、营业额比一般菜馆还多的门类，也就只有潮汕人能煮得出来了。我在西北的敦煌、东北的哈尔滨，居然都能吃到潮汕砂锅粥，真是服了在那里开店的老乡们了！

潮汕话把粥叫作“糜”（muê^{5}）。糜的种类很多，除了白糜之外，有各种各样的“芳糜”：猪肉糜、膀粕糜、鱼糜、蟹糜、虾糜……鱼糜则还有“横鱼（豆腐鱼、九肚鱼）糜”“鱿鱼糜”“鲳鱼糜”“草鱼糜”等；还有素食类的秫（zug^{8}）米糜、小米糜、大麦糜、番薯糜等。

“煮白糜”听起来好像最简单，但要煮好一锅让潮汕人认可的“糜”着实很不容易，一是煮粥的米和水大有讲究，最好是东北的珍珠米和矿泉水；二是煮的方法上的门道，这锅“糜”里的米粒必须“外软里硬、米汤黏稠而米心有核

儿”；三是“糜”从煮熟到开吃的时间也要讲究，要“唔迟唔早啱啱好”（不迟不早刚刚好）。我常在外出差，不管是汽车站、高铁站，还是机场，离家的车程大约都在半个小时至一个小时之间，上了出租车就给守家的太太打个电话报平安：“我回来啦！”其实是给她递个信号：“请淘米下锅，煮糜啦！”太太习惯了我的这种“委婉语”，砂锅白糜大概20分钟煮好，让它“洰（ge^{2}）”10分钟正好吃：一是温度适口、不烫不凉；二是稠度适中、有饮（am^{2}）而黏。我往往是行李箱一放下，连手都来不及洗，就美美地享受起“一日不见，如隔三秋”的永远的初恋——白糜。

我曾经听东海酒家钟大师成泉兄介绍过他如何花样翻新，将普通的“橂鱼”（doin^{7} he^{5}，澄海叫“蛇鱼”，广州叫“九肚鱼”，江浙叫“豆腐鱼”，学名“龙头鱼”）除了做成“橂鱼咸菜汤”“橂鱼糜”“炸橂鱼”“橂鱼煲”之外，还烹制成蒜香橂鱼、铁板烧橂鱼、椒盐橂鱼、菠萝橂鱼、橂鱼丝瓜烙、橂鱼煮咸面线/粉丝/粿条……用成泉兄的话说，就是“你的用心，让豆腐鱼也翻身”。橂鱼本来是比较便宜的家常菜食材，成泉兄却能够用心研究，把它烹调成为席上美味佳肴。“用心”是关键词，道出了潮菜的另外一个突出特点——精心烹饪。

其实做什么事都是一个样：喜欢了，才会对其“用心”；“用心”了，才会有所发现、有所创造。这是一个带有哲学性的普世规律，不仅仅适用于饮食行业。

至于潮菜酒店里的高档潮菜，不但食材昂贵，烹饪技法高超，而且是各家名店“八仙过海，各显神通”，各有擅长，普通家庭是做不来的。几乎每一位潮菜大师都有自己的独家绝活和看家名菜。我就曾经听好几位香港朋友说，到汕头来，就要去吃东海酒家的“烧鲰螺”，那可是钟大师成泉兄的拿手绝活。而纪大师瑞喜兄最拿手的应该是鱼胶的制作与烹饪，林大师大川兄则是以制作和烹饪大鲍鱼驰名。

其实，潮菜本来是千家万户潮汕人的家常菜。天天做潮菜、吃潮菜是潮汕人的一种日常生活方式，本地人幸福感爆棚，外地人羡慕不已。但也有一个毛病，就是潮汕人到外地去，总觉得吃不好：不是嫌口味太重了，就是怪食材不新鲜，或者烹饪不得法。潮汕本地的潮菜馆里有点小贵、北上广深港等大城市酒楼里价格颇高的潮菜，是潮菜的另外一种面目——高档潮菜。其食材高档且经精挑细选，汇集各地应时食材，并经名厨大师主理烹饪；高档的潮菜馆通常也都装修雅致、服务周到。这是商业型的潮菜，价格高也是物有所值。

钟成泉的《潮菜名厨》、纪瑞喜的《潮菜名菜》、林大川的《潮菜名店》是三位大师的经验之作，我估计他们是分工合作，分别从厨师、菜式和菜馆三个方面对潮菜的总体面目做个介绍，给读者一个比较全面的印象。

《潮菜名厨》的作者是钟成泉大师。钟大师是1971年汕头市首期厨师培训班的学员，从著名的厨师，到自己创业，半个世纪过去，这中间他换了很多单位，也经过了很多名师名厨的指点，也与自己的师友多有交流，可谓经历丰富，转益多师。在这本《潮菜名厨》里，有他的培训班的老师，也有培训班的同学，还有他工作过的各家餐室、酒家的潮菜师傅：罗荣元、陈子欣、蔡和若、李锦孝、柯裕镇、林木坤等。他写的不仅仅是潮菜名师，其实也是半部潮菜发展史。钟大师大著的特点是资料很珍贵，文字很“成泉”，别的人写不出来。我见过他的初稿，那是他一笔一画写在手机上的，真的是“第一手”资料！

《潮菜名菜》的作者是本套丛书的主编纪大师瑞喜兄。1983年，高中毕业的纪瑞喜到汕头技工学校厨师班学习烹饪技艺，后来到当时很著名的国际大酒店工作，一边工作一边偷师学习潮菜烹饪和酒店管理。后来，他辞职出来与朋友合伙办饭店。1994年，他创办了自己的建业酒家。在汕头，龙湖沟畔的建业酒家几乎无人不知。纪大师瑞喜兄爱思考，爱琢磨，对40年来的潮菜烹饪和30年来建业酒家的经营管理有一套成熟的经验。这本《潮菜名菜》介绍的就是他自己琢磨出来的几十个名菜。如果您家庭生活费已经实现开销自由，可以到潮菜酒家照书点菜，尝一尝、品一品；如果生活费还需加严格管控，也可以把这书当菜谱，回家依样画葫芦，自个儿买来食材，学习做菜。

《潮菜名店》的作者是林大师大川兄，他是“岭东潮菜文化研究院”的院长。大川兄经营酒家几十年了，年轻时从家乡澄海学厨艺、当厨师、办酒家开始，后来去了泰国普吉岛等地办潮菜馆。他走遍中国港澳地区和东南亚各国，见识了世界各国、各地的潮菜（中国菜）馆，最后又回到了原点——汕头来经营潮菜酒家。他一边经营着酒店，一边整理记录着往日见过的那些有特色的各国、各地的潮菜酒家，就成为现在这本《潮菜名店》了。有机会的话，读者可以按图索骥，去这些酒家尝一尝，看看大川兄所记录的是否属实。当然，相信有些好菜馆大川兄可能还未及亲自去品尝、考察过，遗珠之憾，一定会有，有待大川兄今后进一步补遗拾缺。

《工夫茶》的作者张大师燕忠兄是汕头市潮汕工夫茶研究所所长，2010年从华南农业大学茶学专业硕士毕业后，就一直从事工夫茶的经营和研究工作，至今也10多年了，是工夫茶界的后起之秀。由他来写《工夫茶》一书，是最合适的了。为什么潮菜丛书里会有一本工夫茶的书呢？这就要从潮菜与工夫茶的关系谈起了。潮汕人“食桌”（吃宴席），上桌前先喝足工夫茶，可以看作是“开胃茶”；席间还得穿插上两三道工夫茶，是为了解腻助餐；酒足饭饱之后，还要再换上一泡新茶叶，喝上三巡再撤，是为消饫保健。所以，中档以上的潮州菜馆，每一间包厢里都布置了工夫茶座。

《潮菜文艺》的作者是杜奋。小杜是中文系硕士，长于网络搜索技术及文字书写。从韩愈的《初南食贻元十八协律》算起，跟潮菜有关系的诗文、书画如韩江里的鱼虾，很多很多。文艺范的食客吃了潮菜，赞不绝口，大都会留下诗文或书画，一抒胸臆。把这些诗文、书画“淘”出来，并不容易，幸亏小杜的网络技术了得，才使这些赋予潮菜文化品位的宝贝得以集中起来，与读者见面。读者可以一边品赏潮菜，一边翻阅这本书，看看名家是如何品评潮菜的，与你的“食后感”是否一样。

《潮菜杂咸》的作者是谢财喜兄，他是潮式腌制小菜的实践者和产业领军人物，获得过10多项与杂咸相关的发明专利和实用新型专利。他还是广东省食品学会副理事长和省食品安全学会副会长。由这样一位既有生产实践经验，又有创新研究成果的专家型企业家来主编《潮菜杂咸》这本书，那是再合适不过了。潮菜杂咸是潮人的生活必备之品，与大米、茶叶、油盐同等重要。潮人嗜食“白糜”，因而也就地取材、创造出了几十种“杂咸”来“配糜”。在潮汕的粥店，常常看到一钵白糜周边围着数十种杂咸的场面，有人雅称为“百鸟朝凤”。《潮菜杂咸》主要介绍了最常见的“杂咸八宝”（橄榄菜、酸咸菜、贡菜、菜脯、冬菜、乌榄、咸水梅和贡腐）和其他一些杂咸的原材料产地、生产方法、相关的民间传说、历史掌故等。

潮菜，是我一辈子的挚爱！美食家蔡澜用潮语“扶舌”俩字赞美潮菜，是说潮菜被人“呵啰（夸奖）到扶舌”，是啧啧称赞的意思。我也是一样，说起潮菜来，便喋喋不休，一不小心就写了七八千字。我自己还曾经受邀担任过一套潮菜全书的编委会主任，想为潮菜文化做点事，但由于协调能力有限、力不从心，遂致半途而废。现在的这套潮菜丛书的编委会主任李总裁闻海兄才高八斗，且人脉广泛、江湖地位高，其尺八一吹，应者云集。丛书作者们在他的领导和敦促下，日以继夜，终于成稿。自己未尽的心愿，终于有人完成，我当然乐见其成。遂作此文，以为祝贺！

是为序。

甲辰酷暑于花城南村

目录

前言

一粒种子到餐桌

杂咸是潮汕地区各种小菜的总称，是潮汕白粥的亲密伴侣，是每个潮汕人的共同记忆。过去几乎每个潮汕家庭都会腌制菜脯、贡菜，不管有钱没钱，生活不能没有杂咸。杂咸也是构成潮菜风味的基础，搭配各种海鲜、肉类烹煮，便是海内外潮人心中惦记的潮汕味道。提起杂咸，总能在“家己人”当中引发广泛的共鸣，因而出版一本专门写杂咸的书，既是必要的，也是重要的。

为了解杂咸制作的历史，2024年3月，我们来到潮汕杂咸生产重镇——汕头市龙湖区外砂镇考察。外砂自古有专业腌制咸菜的传统，据金利明主编的《记住外砂——探索中国乡镇发展史》记载，自清朝光绪年间起，外砂的富砂、大衙、南社、凤窖、下蔡等乡村就纷纷开设菜廊。这种传统，至今一脉相承。

本书作者谢财喜（右二）在外砂蓬中村谢氏宗祠调研考察（摄影：曾旺强）

外砂蓬中村谢氏祖祠（摄影：陈斯鑫）

谢易初先生塑像（摄影：陈斯鑫）

在外砂蓬中村文体广场对面，3座修葺一新的谢氏祖祠（“四房祠”）依次排开，恢宏大气，装饰精美。祠堂门口挂着“龙湖区外砂华侨文化展览馆”的牌匾，里面展示的是“正大中国成就史”，正厅赫然摆放着正大集团创始人谢易初先生的塑像。刚刚清洗过的红砖地板尚有积水，村里的领导解释说，由于早年祠堂用于腌制咸菜，至今地板一直有盐分析出，故而隔三岔五都要洗一洗。

这一“历史穿越”现象一下子引发我们的思考，让人感到潮汕人和杂咸的关系是刻在DNA里的。杂咸当中最基础、最大宗的酱腌菜类，其原材料是各种蔬菜和水果。蔬果的品质好，做出来的杂咸才好吃。影响蔬果品质的因素，除了农民的辛勤种养之外，更重要的是品种的培育，而谢易初先生正是培育蔬菜、水果品种的天才。

位于蓬中村香花巷 2 号的谢易初故居（摄影：陈斯鑫）

在距离谢氏祖祠不到100米的香花巷2号，坐落着一座古朴的老厝。1896年，谢易初在这里出生。仅仅读过5年书的谢易初，凭借着对农业的热爱和刻苦的钻研精神，年纪轻轻便成为潮汕地区人工培植草菇第一人。1919年，23岁的谢易初带着8块银圆随乡亲们闯荡南洋，经营种籽生意，随后在曼谷开办了“正大庄种籽行”。由于经营有方，敢于创新，谢易初很快就打开市场，正大庄种籽行逐步发展后来成为享誉全球的正大集团。

澄海解放后，1950年，事业有成的谢易初把公司交给亲人打理，毅然回归祖国的怀抱，投入到家乡的建设当中。在随后的16年里，谢易初展示出他在种子培育方面的超人天赋。

谢易初先后担任国营澄海农场技术员、副场长，国营白沙农场副场长，却从未领过一分钱工资，他把自己的收入捐赠给农场，把自己的才华无私奉献给祖国和家乡。翻开《谢易初先生传》，谢易初的成就可谓硕果累累。据谢易初在白沙农场的前同事陈之佳回忆：

他先后培育16个名优蔬菜品种，在我国南北各地大面积种植，为我国蔬菜生产、选育种作出了重大贡献。他育成的品种总共16个。

这些品种包括萝卜7个品种、芥菜2个品种、花椰菜3个品种、椰菜2个品种、西瓜2个品种。在当时，谢易初被誉为“良种大王”。

蔬果品种的改良，实实在在提高了农民的经济效益，也对潮菜杂咸产生深远的影响。

大芥菜是潮汕的土产，据出版于清代光绪十六年（1890年）的《揭阳县续志》记载：

白沙农场工作场景一（摄影：韩志光）

白沙农场工作场景二（摄影：韩志光）

芥菜……似菘而有毛，味辣可作菹，也可生食。揭中所产尤肥大，一本有重至二三十斤者，土人腌而藏之，终年可入馔。

尽管原先潮汕一直有种植和腌制芥菜的传统，但过去作为冬寒作物，芥菜开春后半个月就开花，适合种植的周期太短。谢易初在大芥菜结球之后，整棵连土挖到黑龙江种植，直到开花结果，收的种子第二年再带回潮汕种植，培育出北方防湿大菜籽，可以推迟一个月开花。种植周期拉长，大大提高了芥菜的产量和质量。

经其改良的包心大芥菜至今仍大量种植，对潮菜的影响相当深远：首先，大菜（即大芥菜）本身是潮菜的重要蔬菜，常用于制作厚菇芥菜煲等名菜；其次，大菜全身都是宝，菜蕾可腌制酸咸菜、贡菜，菜叶可制作橄榄菜，芥菜籽粉碎发酵变成芥末；最后，用大菜制作出来的杂咸也是潮菜重要的配菜和调味品。

澄海华侨中学保留着一张谢易初先生和一位青年技术员的合影，技术员双手抱着大萝卜，相片下面写着“广东省澄海县白沙农场，种植最大者个五十市斤”，两侧写着“用科学培育蔬菜种子”。“植萝卜亩产两百担”，折算下来亩产超过20000斤。经过谢易初改良培育的南畔洲晚萝卜，“在我国推广面积达半个中国之广，时间约半个世纪，今天仍在生产之中，为社会创造了无法计算的效益”（见《谢易初先生传》中陈之佳的回忆文章）。既影响了老百姓的菜篮子，也影响了潮汕地区的菜脯生产及诸多菜脯衍生的杂咸，而菜脯在潮菜中有着不可或缺的作用。

过去西瓜只在夏季收获，谢易初偏偏要培育反季节西瓜。薛增一撰写的《谢易初先生传》中还特别提到，1959年初，谢易初培育的冬熟西瓜，曾经送进中南海给毛主席和周总理品尝，还被用来招待外宾，轰动一时。

1. 收大菜（摄影：韩荣华）
2. 包心大芥菜种子（摄影：韩荣华）
3. 大菜煲（摄影：陈斯鑫）

他从印度引进花椰菜到泰国种植，又从泰国引进到家乡澄海，最终于1953年培育出早花椰菜6号和早花椰菜11号；同时选用丹麦的花椰菜和澄海东墩高脚花椰菜杂交，培育出“狮头种”花椰菜。

在潮汕，大菜用来腌制酸咸菜、贡菜、橄榄菜，萝卜用来腌制菜脯，椰菜用来腌制冬菜，甚至西瓜和花椰菜也有人腌制西瓜皮和菜花头。可见，谢易初先生不仅为国家蔬果培育作出贡献，也为潮菜食材的培育作出重要贡献。

在国家种子安全问题备受关注的今天，重提谢易初精神显得格外重要。谢易初不仅热爱祖国，而且胸怀天下。潮菜杂咸也随着谢易初先生的脚步传播到海外，据2006年出版的《潮汕食俗》记载：

1946年曼谷越阁正大菜籽行的创办人谢易初返乡（澄海外砂），还在家乡租地种菜籽，办起菜籽场，改良菜种和扩大菜籽出口。潮汕菜农在南洋种植潮汕菜以后，还随着当地种植业的发展，把家乡腌制蔬菜、水果的技术，传播到东南亚，以满足海外潮人“用杂咸配早糜”的生活需要。以咸菜为例，建国前泰国制作的优质咸菜，不仅占领了港澳市场，还空运远销欧美。

21世纪初，同样从外砂蓬中村走出来的蓬盛味业，将潮汕的包心大芥菜引进到湖南省岳阳市华容县种植，大获成功。位于北纬29°线的华容县，早晚温差大，冬季有降雪，天气转凉之后，植物体内的淀粉和蛋白质在酶的作用下转化为糖和氨基酸，以此增加细胞液浓度来防止被冻坏，因而种出来的包心大芥菜更柔、更甜，更适合腌制杂咸。只追求高品质，不拘于原产地，这种英雄不问出处的胸怀和格局再次把潮汕杂咸卖到世界各地。

蓬盛公司生产的杂咸系列

潮汕菜市场的杂咸铺（摄影：陈斯鑫）

一碟小小的杂咸，从一粒种子到餐桌，要经历多少人的辛勤付出？把一款杂咸做成一道美味的潮菜，又要经过多少代厨师的设计、改良和精心烹饪？

在这种思路的指导下，我们力图理清每一种杂咸的来龙去脉，及其在潮汕人生活中的关系和影响，尽可能把常见的杂咸通过这本书介绍给大家。

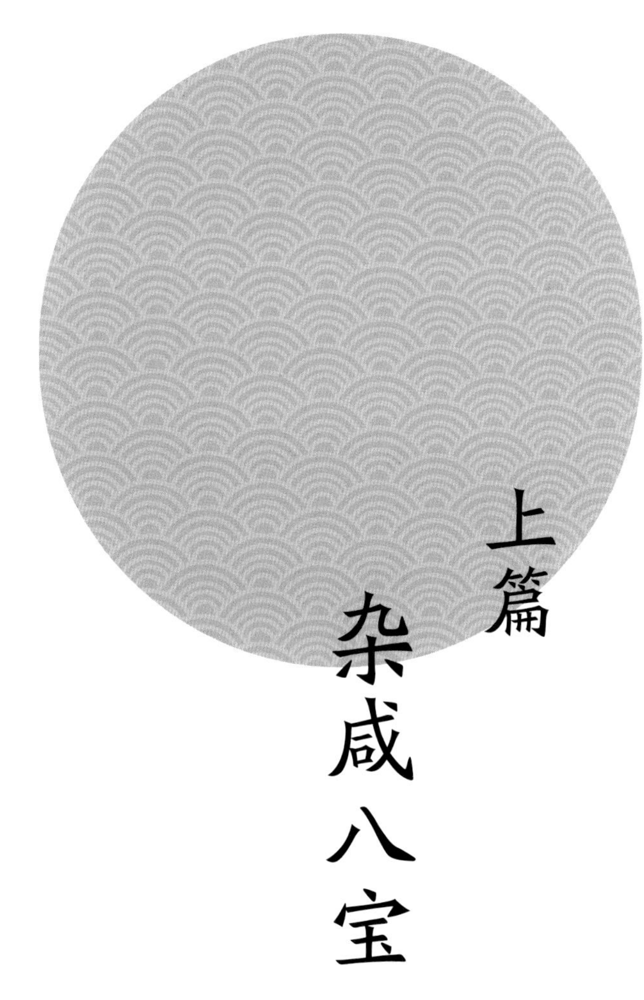

上篇

杂咸八宝

橄榄菜

2023年，陈晓卿导演来到汕头调研，刚好碰到一户人家正在熬制橄榄菜，热腾腾的香味让陈导忍不住询问能否购买，结果人家说不卖。这多少让陈晓卿导演感到失落。可没想到调研完临走的时候，这家主人已经装好满满一罐橄榄菜，递上前说："这是给你的。"朴素热情的潮汕民风让陈晓卿导演颇为赞叹。

橄榄菜大概是最受欢迎的潮汕杂咸了，不只是潮汕人爱吃，就连国内外的食客都赞赏有加。早在十几年前，橄榄菜已经是上海超市里的畅销商品。上海人虽然不知道潮汕的菜脯、咸菜，却夸赞潮汕人做的"香港"橄榄菜好吃。的确，橄榄菜浓郁甘香，软嫩油润，柔和适口，老少咸宜，吃米饭的时候来一勺橄榄菜，总能让人不觉多扒几口，堪称最下饭的潮汕杂咸。

要了解橄榄菜，得从它的原材料橄榄和大芥菜说起。

潮汕地处亚热带，多低海拔的丘陵，气候暖热多雨，非常适宜橄榄生长，是橄榄的原产地之一。橄榄好吃树难栽，要种六至八年才能结果，即便现在采用嫁接技术，也要三到四年才能收成。橄榄树挺拔高耸，动辄两三层楼高，采摘比较麻烦。好在橄榄容易脱落，只需拿竹竿敲打，甚至踹一下树干，成熟的果子都会掉落下来。民间有"乘风敲橄榄"的说法，形

1. 橄榄菜
2. 枝头的青橄榄（摄影：韩荣华）
3. 潮汕人喜欢生吃的青橄榄（摄影：韩荣华）

容浑水摸鱼、借机牟利的行为。当然，专业采摘通常需要搭云梯，是比较高风险的作业。

橄榄在潮汕各地均有分布，比较知名的产区有潮阳的金灶，潮州的意溪、归湖、文祠，揭西的凤湖等地。橄榄品种多样，常见的甜种、檀香都适合生吃，尤以潮阳金灶三棱橄榄最为知名，而像惠圆、长营等品种，更适合加工后食用。

青橄榄又酸又苦又涩，外地人咬一口便受不了，摸透橄榄秉性的潮汕人却甘之若饴。只要耐心咀嚼，苦涩过后，回甘便充盈着口腔，清香之气在喉咙里持续很久，因而潮汕人食用橄榄之风甚盛，尤其爱生吃。过年时候，每家每户都会备一盘橄榄招待拜年的亲友。呷一口工夫茶，嚼一粒橄榄，两种植物的清香会发生奇妙的叠加效应。潮汕部分地区，橄榄甚至取代槟榔在传统民俗中的地位，成为婚嫁仪式的必备水果。

《本草纲目》称橄榄“生津液、止烦渴，治咽喉痛，咀嚼咽汁，能解一切鱼蟹毒”。秋冬是咽喉疾病多发季节，刚好也是橄榄成熟季节，潮汕人就用橄榄来炖汤，常见的如橄榄猪肺汤、橄榄螺头汤、橄榄粉肠汤等，喝起来甘香舒适、润喉清肺。

橄榄还用来制作蜜饯，比如甘草橄榄、咸橄榄、化皮橄榄。或加盐或加糖，辅以甘草、南姜等香料，作为茶配零食，酸甜生津、消食开胃。

有一种说法称甘草橄榄为宋家首创，故又叫“宋橄榄”，清末在南洋初为药用，给过番（潮汕方言，指到南洋谋生）的潮人治水土不服，后来因为味道甘香可口，生津开胃，遂演变成风味凉果。故有儿歌如是唱：

宋橄榄，好食哉，大人有钱买去内（潮语指家里），奴仔（潮语指小孩子）无钱刻苦耐。

橄榄猪肺汤（摄影：韩荣华）

咸橄榄（摄影：韩荣华）

在潮汕菜市场的杂咸铺中，时常可以见到橄榄菜、油橄榄、橄榄糁（咸和甜）、橄榄橛等制品。

潮谚有云："霜降，橄榄落瓮。"每到橄榄成熟的季节，家庭主妇便会争相购买，用来熬煮橄榄菜。关于橄榄菜的起源，有一个广为流传的传说：潮汕夏秋多台风，而此时橄榄尚未成熟，台风一刮，便哗啦啦掉了一地。勤俭节约的潮汕人舍不得浪费，拾掇起来，想方设法让其变得适口。刚好潮汕人腌制咸菜所用的大芥菜，需要掰掉外瓣、雕去叶尾。菜叶收集起来洗干净，和橄榄花（未成熟的橄榄）一起用铣铁鼎（潮汕方言，鼎即锅）熬煮，没想到竟成就这一美味小菜。

橄榄菜的另一原材料——大芥菜，潮汕自古有之，本地俗称为"大菜"。嘉庆版《澄海县志》记载：

大菜即芥也。农书云芥气味辛辣，菜中之介然者。邑于纳稼后场圃多莳。

指的是本地农民习惯于水稻收割后的田地上种植大芥菜，澄海至今延续这一种作习俗。

20世纪经由"良种大王"谢易初先生改良之后，大芥菜由原来的冬寒作物变得四季可种，大的单株重可达10斤，用于腌制咸菜的菜蕾（结球部分）约占65%，剩余35%的菜叶，腌制后用来熬制橄榄菜刚刚好。

潮汕俗语"上钱橄榄落钱姜"，指的是橄榄越老越值钱，而生姜刚好相反。现在制作橄榄菜更多是选用成熟浓香的橄榄，经过七八个小时的熬煮，橄榄菜变得乌艳亮泽，褪去苦涩之味，只留下甘和香润，配粥下饭总相宜。

橄榄菜也可搭配其他食材，做成风味菜肴，比如橄榄菜炒饭、橄榄菜

熬制橄榄菜一（摄影：韩荣华）

熬制橄榄菜二（摄影：韩荣华）

炒豆角、橄榄菜炒油麦菜、橄榄菜煎蛋、橄榄菜蒸鱼、橄榄菜蒸肉饼、橄榄菜蒸豆腐、橄榄菜包子等等。

在当今橄榄菜的生产重地——汕头市龙湖区外砂街道，橄榄菜的制作别有特色。以前每年元宵过后，家里的卤鹅吃完了，卤汁却舍不得丢掉，便拿来熬煮橄榄菜，动物蛋白的加持使得橄榄菜异常浓香。加上以前外砂盛产花生，每年生产队分下来的花生油加进去熬煮，高油、高盐、低水分的橄榄菜保质期特别长，华侨过番带到暹罗（泰国旧称，潮汕地区至今仍习惯称泰国为暹罗）去，十天半个月都不会变质。据说其他地方的潮汕人去过番，市篮里除了甜粿等干粮之外，通常还装着菜脯、咸菜，唯独外砂的番客会带上橄榄菜，到了暹罗拌着暹米（泰国香米）饭吃，更是香上加香，吃了非但不会水土不服，而且能强身壮体，橄榄菜帮助华侨在异国落地生根，以至于后来成为老华侨的“思乡菜”。

由于谢易初先生是外砂蓬中人，外砂人也得风气之先，早在20世纪80年代就率先开发橄榄菜等潮汕风味小吃，涌现出蓬盛、正盛、龙盛、锦佳等企业品牌，至今40余年，橄榄菜生产也从家庭作坊发展为大规模的工厂生产，更加规范卫生，其中蓬盛橄榄菜还被授予广东省非物质文化遗产“潮汕橄榄菜制作技艺”项目保护单位。

前文提到的“香港”橄榄菜，正是蓬盛公司于香港注册公司之后，冠以“香港橄榄菜”之名销往珠三角地区、粤西等地，把橄榄菜从潮汕推向全国乃至全球，现今蓬盛橄榄菜年产能高达20000吨。

一碟小小的橄榄菜，包含的不仅仅是家乡的潮汕味道，不仅仅是在外潮人的思乡情感，更是潮汕先民智慧的结晶，其既体现出潮州菜“粗菜细作”的精细理念，又彰显了潮汕人物尽其用、为天地惜物的节约精神。

家庭杂咸参考做法

橄榄菜

原材料

橄榄、酸菜叶、花生油、盐、白糖、蒜头油、麻油。

制作步骤

1. 橄榄洗净，沥干。

2. 煮一锅蟹目水，倒入橄榄，焖至熟软。

3. 捞起（可根据个人喜好决定是否脱核），浸泡清水，反复浸泡四五天，每日换清水。

4. 酸菜叶切碎，洗净沥干。

5. 生铁锅倒入花生油，油温升热后倒入橄榄翻炒，小火熬煮10分钟。

6. 加入酸菜叶拌炒均匀，加盐后小火熬煮7小时。

7. 加入白糖、麻油、蒜头油，再熬煮1小时。

8. 冷却后即可装罐食用。

甜橄榄糁

原材料：

橄榄、白砂糖、南姜末、芝麻。

制作步骤

1. 橄榄捶破。

2. 加入白砂糖腌制。

3. 撒上南姜末和芝麻，拌匀即可。

咸橄榄糁

原材料

橄榄、南姜、盐。

制作步骤

1. 橄榄洗净、捶破。

2. 以三碗橄榄一碗盐的比例加盐腌制。

3. 撒上适量南姜末，拌匀即可。

橄榄糁（摄影：韩荣华）

油橄榄

原材料

橄榄、花生油、盐、白糖、蒜头、金不换、酱油。

制作步骤

1. 橄榄洗净，沥干。

2. 下锅煮约30分钟。

3. 橄榄捞起过冷水，用小刀割开脱核，浸泡清水，反复浸泡四五天，每日换清水。

4. 油锅爆香蒜蓉、金不换，用笊篱捞起蒜蓉和金不换。

5. 锅里保留热油，倒入橄榄翻炒至吃透油。

6. 加入南姜末、白糖、酱油、蒜蓉和金不换。

橄榄榄

原材料

橄榄、蒜头、南姜末、辣椒、花生油、盐、酱油。

制作步骤

1. 橄榄洗净沥干，切半。

2. 浸泡清水，去除涩汁。

3.起油锅，爆香蒜蓉、辣椒，倒入沥干的橄榄翻炒，加盐和酱油。

4.加入南姜末爆炒均匀即可。

参考菜谱一：橄榄菜炒饭

原材料

橄榄菜、米饭、芹菜珠，其他如猪肉、香菇、虾米等视各人喜欢搭配。

制作步骤

1. 香菇、虾米泡发后切丁。
2. 猪肉切丁爆香，倒入香菇虾米拌炒。
3. 爆香后加入橄榄菜炒香。
4. 加入米饭，拌炒均匀。
5. 视橄榄菜咸度酌量加盐。
6. 出锅前撒芹菜珠。

参考菜谱二：橄榄菜炒豆角

原材料

豆角、橄榄菜、蒜头。

制作步骤

1. 将豆角洗净，切丁。
2. 蒜头剁碎备用。
3. 起油锅爆香蒜蓉。
4. 加入豆角，炒至豆角吃透油变色。
5. 加入橄榄菜炒匀，根据橄榄菜的咸度酌量加盐。
6. 炒匀后即可出锅。

参考菜谱三：橄榄糁焖鲫鱼

原材料

鲫鱼、咸橄榄糁。

制作步骤

1. 鲫鱼去鳞洗净，抹盐，腌制1小时，吸干水分。

2. 起油锅，鲫鱼煎至金黄色。

3. 下开水淹没鱼身，加咸橄榄糁，大火加盖煮8分钟。

4. 收汁装盘，汤汁淋于鱼身上。

酸咸菜

澄海民间流传着“十八缸咸菜”的故事。讲的是祖籍澄海的郑信带领暹罗人民驱赶缅甸侵略者，后来被拥立为王，建立吞武里王朝。消息流传到国内，家乡华富村的乡亲们欣喜万分，决定派出郑信的叔父作为代表到暹罗道贺。叔父到暹罗后，郑信盛情款待。叔父回唐山前，郑信送上十八缸礼物，吩咐叔父仔细保管，回到家乡之后分赠乡亲。在回乡的红头船上，叔父按捺不住好奇心，想看看郑信送了什么礼物，谁知道一连开了十七缸，里面装的竟然都是咸菜！咸菜在澄海每家每户都有腌制，谁稀罕大老远扛这么重的东西回去？再说贵为国王，拿这样的礼物送给乡亲，未免有些小气。叔父一怒之下将十七个咸菜缸推进海里去，只留下一缸，想着拿回去给乡亲们看看他们引以为豪的国王有多寒碜，也算有个交代。

回到家乡，叔父将最后一缸当众砸碎，没想到咸菜底下竟然藏着金银财宝！原来郑信担心性格老实的叔父遇到海盗或者坏人，便在缸口放上咸菜掩人耳目，防止被抢或者被盗，他非但没有忘本，反而细心周到。为了感念郑信的恩德，在他去世后，乡亲们就在华富村里修建衣冠冢纪念他。

传说固然不能全部当真，但起码从侧面说明了澄海人腌制咸菜的习俗自古有之。

据《记住外砂》一书记载，早在清朝外砂的咸菜已经销至中国香港及东南亚各地：

用于腌制酸咸菜的大芥菜（摄影：韩荣华）

清光绪年间，富砂人首办菜廊，名叫“强兴菜廊”。继之出现了大衙“添盛菜廊”、南社“祝合菜廊”、凤窖“识味菜廊”、下蔡“顺昌菜廊”，都是当时有名的咸菜腌制厂。民国时期，顺昌菜廊与泰国商家合股投资，改为“顺昌泰菜廊”，成为澄海第一中外合资加工厂。

咸菜的原材料是包心大芥菜，亦称为潮州结球芥菜，本地俗称为“大菜”。《潮州志》记载：

芥菜为寒季主要蔬菜之一，农家多栽植之以作葅。（普通除专植园圃外，每届冬稻收获后农民多于旱田中作一次冬耕）其法即收获后，刈取净洁，切细和盐腌制纳之瓮内（生菜百斤和盐十斤），一月后取出以作助餐恒供之需。普通农户年腌制三四瓮储藏备用。

过去潮汕农户习惯于在晚稻收割后的稻田里种上大芥菜，一来轮番种植，充分利用耕地资源；二来刚好大芥菜是冬寒作物，适合这个时候种植，差不多第二年春节到元宵就可以收割。过去潮汕有个旧俗，一些待字闺中的“姿娘仔”（潮语指女孩子），会在元宵夜悄悄跑到芥菜田里面，挑选一株最大的大芥菜，半蹲坐在上面，羞答答地念叨着：“坐大菜，明年嫁个好仔婿。”借此期盼来年觅得如意郎君。

潮汕小叶酸菜（摄影：陈斯鑫）

至于专业种植，每年在清明后播种，大约45天过后就可以收割。第一造的大芥菜不会开花，菜丛瘦小，用薄盐腌制，叫作“菜仔酸”。第二造在五月节（即端午节）后播种，菜苗长出来后需要移植，成菜植株比第一造稍大，叫作“菜丛仔”。这两造的大芥菜相对稚嫩，收割时天气暖热，放淡盐，产酸快，腌制出来就是酸菜。

立秋后种植的大芥菜，植株之间要保持足够的距离，因为第三造的大芥菜体积较大，单株重量可达8—10斤，叫作“大菜丛”，经冬的大芥菜会结球包心，叫作“大菜蕾”。潮汕歇后语说“十二月大菜——有心”，一语双关，常用来感谢别人的善意。大菜蕾个头硕大，需要下重盐才能腌透，腌制后便是咸菜蕾了。如果短时间内食用，大菜蕾也可以切开用淡盐腌制，做出来就是酥脆的“酸菜栲”了。

传统的酸咸菜采用干腌法，芥菜晒掉水分之后，加盐入瓮压实，加入适量盐水，密封发酵。为了加速产酸，家庭腌制酸菜时常会加入米汤。腌制咸菜时把大菜蕾码在大陶缸里，一层菜一层盐，还要整个人站在上面踩压。时过境迁，不符合当代卫生理念的土法早就被淘汰了，取而代之的是现代专业的工业生产。

早期腌制厂的操作则是用大缸或者腌菜桶，一层芥菜一层盐，上面

腌制咸菜的老照片（摄影：韩志光）

再压3层石头，7—10天后汤汁尽出，把菜捞出洗净，再装入咸菜瓮，加清水、盐、南姜，盖上木塞后用水泥密封。干腌法的得菜率大概只有60%。

为了提高得菜率，20世纪80年代起，潮汕的酱腌菜作坊开始采用水腌法，百斤菜十斤盐，瓮里灌盐水至七分满，压一层石头，3小时后汤汁即可没过菜身，再灌满盐水，加南姜麸，加松木塞和水泥密封。水淹法得菜率可达80%。

到了20世纪90年代，开始采用深加工生产，才有了现在超市里常见的小袋包装咸菜。

根据季节和腌制工艺的不同，腌制大芥菜可分为酸菜和咸菜，民间常并称为“酸咸菜”。酸菜每百斤菜放10斤盐，装瓮灌入波美度8度的盐水。咸菜每百斤菜放12斤盐，装瓮灌入波美度10度的盐水。酸菜多在夏天腌制，发酵速度快，一个月即可食用，在密闭的无氧环境下，芥菜中的有益微生物催生出生乳酸和其他酸类，形成酸感的风味，口感柔韧；咸菜多在冬春季节腌制，由于含盐量高，发酵速度慢，大约两个月方可食用，味道偏咸，海盐中的钙、镁等杂质能助长交叉联结并强化细胞壁果胶，形成爽脆的口感。

小包装潮汕炒酸菜（摄影：陈斯鑫）

过去农耕社会，物资相对匮乏，许多农家都会自己腌制咸菜，作为日常吃白粥的配菜。收冬后的稻谷在屋里堆得满满的，家庭主妇要算好一家人在接下来半年不会饿肚子的粮食，还要腌制够一家人吃一年的咸菜，心里才算真正踏实了。

陈斯鑫先生在《潮菜中的酸》一文中记述了“陈世美讨无酸咸菜”（讨无，即讨不到）的故事：旧时戏班下乡演戏条件艰苦，时常要演通宵不说，戏演完了还得跟村民讨吃的。有一回演潮剧《秦香莲》，扮演陈世美的小童伶演得生动逼真，惹人憎恶。第二天清晨，戏班里的白粥煮好，小童伶便端着一碗白粥，跑去跟邻近的老姆（潮语指老婆婆）讨点酸咸菜来下粥，谁知被老姆认出是昨晚的“陈世美”，非但讨不到，还被臭骂了一顿。

由于咸菜蕾大个，咸菜瓮的瓮口也比较大，一般直径要15厘米，用松木锯成圆饼盖子塞住，上面再用水泥密封。瓮口大的弊端是接触空气的面积大，开封后表层的咸菜容易氧化变质，民间的习惯是牺牲掉最上面一棵不吃，而从底下的咸菜吃起，第一棵用来隔绝空气。倘若从上面吃起，几乎每顿都会吃到变质的咸菜，因而有句俗话说“无用姿娘顿顿食瓮头菜”（方言俗语，字面意思为傻女人每顿都吃第一棵咸菜，比喻方法不对，想节约却适得其反）。

潮汕家常菜中，酸咸菜的应用十分广泛。酸菜直接加猪油、姜丝炒着吃，十分下饭；也可以切碎加点肉丁炒饭吃，不仅开胃消食，酸菜里的

酸菜炒饭（摄影：韩荣华）及炒酸菜（摄影：韩荣华）

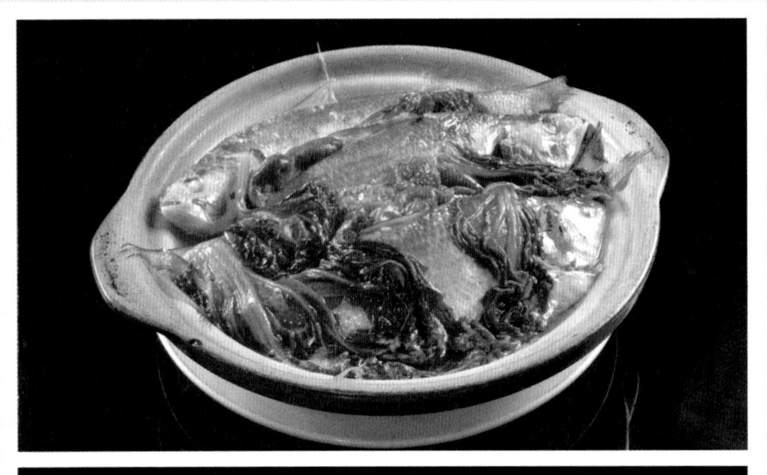

$\frac{1}{2}$

1. 潮式酸菜煮鱼（摄影：韩荣华）

2. 酸菜大肠煲（摄影：韩荣华）

乳酸菌还可以改善胃肠道功能、提高食物的消化率。炒肉类可加辣椒炒花肉，加腌制牛肉炒后撒南姜麸，也可以炒猪肚、猪肠、猪肝、鸡胗等口味重的禽畜内脏，起到祛臊解腻的作用。和海鲜一起则可炒猴染（小鱿鱼）、花蚶（花蛤）、“迪仔”（剥皮鱼）等等，也可焖海鳗、魟鱼、蛇鱼（豆腐鱼），用以去腥增味。酸菜焖海鳗冷却后放冰箱，由于鳗鱼煮后会分泌特殊胶质，冷冻后会形成一层透明的果冻状物体，口感特别，因而“鳗鱼冻”是潮菜的保留菜式。炣鱼（潮汕烹煮鱼的一种做法）常用酸菜，加点酱油，炣鲤姑、鲫鱼、巴摩（过山鲫）等，吸收了鱼香的酸菜尤其美味。煮汤可配车白、蚝仔、花蚶、蛇鱼等，做法大致相同，水沸放油后加入海鲜食材、咸菜片、姜丝，起锅撒芹菜，鲜美开胃，是夏日常见的汤水。咸菜和白果、胡椒粒炖出来的猪肚汤温润可口，香浓暖胃，是一味冬日佳肴。

潮汕俗语“烧糜损咸菜，雅亩损儿婿”，前半句说的是滚烫的白粥难以直接入口，吃的时候会让人不自觉地多吃几口咸菜；后半句的意思是漂亮的老婆会让夫婿沉迷女色，劳神伤身。潮汕人深谙“食色性也”的微妙之处，借以说明凡物有得必有失的道理。

咸菜常作为猪脚饭的配菜（摄影：陈斯鑫）

但凡在外久居的潮汕人，每当饮食不适，乡愁泛起，又或是酒宴应酬，肥油饱腻，甚至于偶染微恙，胃口不佳，这时候第一个想到的，往往就是一碗白粥、一碟咸菜。

家庭杂咸参考做法

酸菜

原材料

大芥菜、盐。

制作步骤

1. 大芥菜洗净晒至菜叶柔软。

2. 将芥菜码在大缸或桶里，略加薄盐，压重物腌制隔夜（过夜）。

3. 芥菜捞起装进玻璃罐里，灌满凉开水，加一勺米汤，密封。

4. 发酵10天左右，即可开封食用。

咸菜

原材料

大菜蕾、盐、南姜麸、冰糖。

制作步骤

1. 大菜蕾切除叶尾，掰去外瓣，洗净沥干，晒干水分。

2. 南姜麸和盐搅拌均匀（盐的重量为芥菜的1/10），备用。

3. 将大菜码在大缸或桶里，一层菜一层南姜盐，压重物腌制隔夜。

4. 大菜捞起装进玻璃罐，加汤汁，灌满凉开水，封口放少量冰糖，密封。

5. 发酵半个月左右，即可开封食用。

咸菜榜

原材料

大菜蕾、盐、南姜麸、白糖。

制作步骤

1. 大菜蕾切除叶尾，菜瓣切片。

2. 加薄盐腌制，压重物腌制隔夜，去除涩汁，洗净沥干。

3. 加入适量的白糖和南姜麸拌匀。

4. 装入玻璃罐，灌满汤汁和凉白开水，密封放冰箱。

5. 发酵5—6天，开封即可食用。

咸菜榜（摄影：韩荣华）

参考菜谱一：咸菜蚝仔汤

原材料

咸菜、蚝仔、生姜、芹菜、胡椒粉、鸡精。

制作步骤

1. 咸菜洗净，斜切片，蚝仔洗净沥干，芹菜切珠，生姜切丝，备用。
2. 汤锅放清水煮开，放油。
3. 投入咸菜和蚝仔、姜丝，继续大火煮。
4. 再煮开加适量鸡精调味（如果用酸菜则须酌量加盐）。
5. 出锅前撒芹菜珠、胡椒粉。

参考菜谱二：咸菜煮豆腐鱼

原材料

豆腐鱼、咸菜、生姜、辣椒、小芹菜。

制作步骤

1. 豆腐鱼洗净，切段，用鱼露浸泡半小时以上。
2. 咸菜斜切片出，切好姜丝、芹菜段，辣椒一粒斜切两段。
3. 豆腐鱼捞起沥干，起油锅烧热油温。
4. 豆腐鱼由锅边滑入，加盖焖煮至变色（切记不要翻炒）。
5. 加入咸菜、姜丝慢慢炒匀。
6. 加适量开水，放辣椒，焖煮至收汁。
7. 出锅前撒芹菜段。

参考菜谱三：酸菜焖鲫鱼

原材料

食材：鲫鱼、花肉、酸菜、香菇、蒜头、生姜、酱油。

制作步骤

1. 鲫鱼杀好洗净，不去鳞，蒜头整粒去膜，生姜切片，香菇泡发后切两半，酸菜切段备用。

2. 起油锅，爆香花肉。

3. 放蒜头、香菇、生姜，炒香后加入酱油和水，大火煮沸。

4. 放入鲫鱼、酸菜，加开水没过鱼身。

5. 小火煮至收汁，全程需多次用勺子舀汤汁淋于鱼身上。

6. 冷却后食用，口感更佳。

菜脯

潮汕民间流传着一则俗谜——“缺嘴叶，脚下踏白石”，猜一种蔬菜，谜底是大家熟悉的“萝卜”。

“缺嘴叶”是形容多缺口的萝卜缨，潮汕人称为“菜仔”，一般不作蔬菜食用，多用来喂鹅。当然也有例外，潮州江东当地就喜欢把菜仔腌制成酸菜，称为“菜仔酸”，用来炒猪杂，酸溜酸溜的，别有风味。

“脚下踏白石”则形容萝卜硕大，犹如石头。潮汕人把萝卜叫作“菜头”，因其是菜仔的根头，据说还谐音“彩头”，在潮菜中用处广泛，常见的鱿鱼菜头汤、菜头粿、菜头烙等，都是本地人喜爱的做法。

澄海白沙农场培育的萝卜（摄影：韩志光）

潮汕萝卜，比较知名的品种有澄海南畔洲晚萝卜，具有皮薄肉脆，个大无渣等特征，尤其适合韩江三角洲冲积平原的沙质土

菜脯的现代摆盘（摄影：韩荣华）

1958 年澄海农场晒菜脯的场面（摄影：韩志光）

壤种植。单个有十来斤重，亩产可达两万斤以上。为了保持该品种的优良特性，20世纪60年代，澄海白砂原种场的谢易初等专家对其提纯选育种母，之后很快分衍到全国各地，蜚声中外。《澄海县志》称其“种子及腌制品远销国内外”。南畔洲村甚至因为这个萝卜品种留下一个故事。传说有一位农民，一夜之间发现自家菜园子里的萝卜被偷挖光了，只剩下一个个大窟窿，一时间心痛不已，后来就有了“南畔洲菜头——痛窟”的歇后语，形容损失惨重。

用菜头腌制成的萝卜干便是菜脯了。菜脯是潮汕最重要的杂咸之一，也是潮菜中的常客，与咸菜、鱼露并称“潮菜三宝”。潮汕知名的菜脯产地有饶平高堂、揭阳新亨、潮州江东等。

从前，潮汕地区几乎每家每户都有腌制菜脯的习惯。每年收冬后的田野里种上萝卜，过年前就可以收成。萝卜收成后，直接在种萝卜的田头用稻草编织成草垫，将萝卜铺在田地上晒，隔半天翻一下，晚上打露之前收起。田头就地挖个坑，放一只木桶，一层萝卜一层薄盐（100斤萝卜5斤盐），踩压之后，压上石头。第二天萝卜用原汤洗净后捞起，倒掉汤汁，继续曝晒。

老菜脯糜（摄影：韩荣华）

老菜脯蒸肉饼（摄影：陈斯鑫）

老菜脯（摄影：韩荣华）

如果是买来的萝卜，通常会拿到晒谷场之类的场地曝晒。每到这时节，乡村的晒场几乎都晒满萝卜。灰埕（潮语指小广场）不好挖坑，直接用谷笪围起来，铺一层萝卜撒一层盐，人站到上面踩压，踩到后面一人高的谷笪要搬着凳子才能爬上去。小孩子最爱凑热闹，脚丫洗净，让大人抱着站在菜脯堆上边踩边跳，不亦乐乎。黄昏时分，往往大埕上有十几个谷笪堆同时在“踏菜脯”，蔚为壮观。踩完后再用大石头压在上面，第二天继续晒，如此反复十来天，直到晒不出水分，颜色开始变黄，才入瓮密封。半年后便可开瓮取吃了。

菜脯最简单的吃法就是配糜（白粥），直接从瓮里取出洗净，边喝白粥边咬菜脯，斯文点的吃法是切块。菜脯放久之后颜色泛黑，味道醇郁，直接用手撕开，吃起来口感绵软，味道微酸，霉香醇厚，具开胃消食的药用效果。合格的老菜脯一般要10年以上，保存30年以上的老菜脯价格不菲。老菜脯可直接冲水喝，也可用来煮老菜脯粥、老菜脯肉饼，甚至还有做成老菜脯月饼者。

以前说“生活艰苦，食糜配菜脯”，而今肉食泛滥，食糜配菜脯成为养生的健康吃法了。

还有一种“菜头椤”，制作方法有所不同，先把菜头剖开，切成条状，放到竹筛子上曝晒，撒上盐和糖，反复曝晒，一周左右即可食用，着急的甚至还没变色就开始吃了。20世纪90年代以后，外砂专业生产菜头椤，开始采用水腌法：萝卜切条，一层萝卜条撒一层盐，配比为100斤萝卜放5—6斤盐，压两层石头，让萝卜的汤汁释出，洗净之后，竹笪围一圈，撒薄盐，压石头；隔一夜12小时，第二天早上捞起后，置放在网架上晾晒，利用阳光和北风进一步逼干水分，到晚上收起，放入桶中加糖放置一两天，利用糖渍逼出水分；再晒一下阳光，晒干后放进桶中发酵。整个生产周期在20天以内。菜头梼咬起来酥脆爽口，咸中带甜，加点南姜麸风味更佳，用来配糜上好，更有甚者直接当零食食用。

单纯配粥的菜脯，还有清炒的做法，有切成粒的，有切成丝的，放猪膀炒，佐以姜丝、白糖，炒熟即可。好的菜脯丝炒出来晶莹油光，咸甜酥香，为早餐配粥佳品，是颇为热销的一款杂咸。后来又在炒菜脯的基础上延伸出高级版的杂咸——虾仁菜脯。

许多潮州菜都能看到菜脯的身影，比如菜脯煎蛋、菜脯虾汤、菜脯炣鱼、菜脯焿猪肉、菜脯焖淡甲鱼、菜脯焖鳗鱼等等。炣鱼时多数可以用菜脯片，尤其适合无鳞鱼，如鲶鱼、鳠鼠（塘鲺）、鳗鱼。菜脯煮乌耳鳗是一味地道的潮菜，乌耳鳗杀后淋开水洗去腺液，鳗身每隔四五厘米砍一刀，但不砍段，沥干后放入油锅炸至金黄捞起备用。另起砂锅，放入五花肉，小火逼出猪油，再放蒜头香菇爆香，加入菜脯片略炒后关小火，炸好的乌耳鳗盘成一圈，码在其他材料上面，注入开水没过鳗鱼身，小火炖熟即可。煮出来的鳗鱼香浓黏滑，胶糯细腻，入

菜脯丝（摄影：陈斯鑫）

1. 老菜脯蒸乌耳鳗（摄影：韩荣华）
2. 龙舌凤尾汤（摄影：韩荣华）
3. 菜脯炒山坑螺（摄影：韩荣华）

口即化，不过容易肥腻，一般吃一两块足矣。

菜脯煮虾汤也是一味美味的家常潮菜。菜脯切片，虾去头去线，剥壳留尾，锅里放菜脯加水煮开，倒点油后再放虾，煮开撒点金不换和胡椒粉即可。此汤喝起来既有虾的清甜鲜美，又有菜脯的甘香醇郁，止渴消暑。由于菜脯片像龙舌，虾尾像凤尾，这个汤也叫“龙舌凤尾汤”。

暑天热月，切一圈冬瓜，放几片菜脯，活瘪蟹（小扁蟹）洗净一并下锅开煮，煮开了放点油，汤水上会泛起一层橙黄色的蟹黄。菜脯的醇香氤氲开来，仿佛一瓶老酒出窖，喝起来温润甘醇，隽永怡人，在南方还兼有消暑的功效。

有些店铺甚至炒粿条、炒石螺、做苦瓜煎蛋时都会放些菜脯麸。剁菜脯麸要先把菜脯切片，再一片片切粒，然后搁木砧板上快刀剁碎，每每剁到手软，而今人懒，多用机器直接碾碎了。专业生产的，还会把菜脯麸分为咸、甜两种口味。

现在我们吃的菜脯蛋，多数是在打蛋的时候撒些菜脯麸搅拌，菜脯本身有咸味，煎的时候无须放盐，油爆菜脯激发香味，吃起来香浓美味。做法也简单，鸡蛋撒入适量菜脯麸，打好拌匀，油锅烧热后倒进去，移动炒锅使蛋浆均匀流成一张蛋饼，待一面凝结后抛锅煎另一边，煎熟即可。不过还有一种菜脯蛋，是蛋少菜脯多，一锅能同时煎两三个，煎出来有两三厘米厚，这是逢年过节“拜祖公”时常见的做法，也见过杂咸铺有卖的，固然有菜脯的香味，但是鸡蛋顶多做

“菜脯卵”就是萝卜干煎蛋（摄影：韩荣华）

菜脯麸是潮汕肠粉的点睛之笔（摄影：陈斯鑫）

了凝结菜脯的工具，吃不出什么鸡蛋味来，想来是以前人穷吃不起许多鸡蛋，只好多放菜脯少放蛋了。不过也有上了年纪的老人家专爱吃这种菜脯蛋的。

不少吃过潮汕肠粉的外地人都赞不绝口，因为跟他们印象中广式的肠粉有很大差别。广式肠粉一般只放一个主料，潮汕人做肠粉通常是蚝仔、虾仁、豆芽、肉末都放，还不忘撒一点菜脯麸，吃起来香浓丰盈，糯软中带着各种鲜甜，而菜脯的咸香便是鲜甜中的点睛之笔，吃后齿缝留香。

有一种叫“猪膀粿”（又叫“咸水粿”）的小吃，只用陶盏盛米浆蒸熟，灵魂配料便是菜脯麸。以前落巷卖猪膀粿，担子上放个小炉子开着小火，上面煮一小锅猪油蒜蓉菜脯麸，一路走过，香味就弥漫着街头巷尾，不用吆喝就能吸引吃货前来购买。

咸水粿搭配爆香的菜脯麸（摄影：韩荣华）

家庭杂咸参考做法

菜脯

原材料

萝卜、盐。

制作步骤

1. 萝卜洗净，白天晒干，打露前收起。

2. 一层萝卜一层盐码好，压上重物。

3. 第二天用原汤洗净后，倒掉多余的水分，继续重复第一天的曝晒步骤。

4. 反复7—10天。

5. 装进瓮里，密封。

6. 发酵半年后，可开封食用。

参考菜谱一：冬瓜癔蟹汤

原材料

冬瓜、癔蟹、菜脯、鸡精。

制作步骤

1. 癔蟹洗净，冬瓜切片，菜脯切片后洗干净备用。

2. 汤锅放清水煮开，放油。

3. 投入冬瓜片、癔蟹、菜脯片，继续大火煮开。

4. 加适量鸡精调味即可。

参考菜谱二：龙舌凤尾汤

原材料

虾、菜脯、金不换、鸡精、胡椒粉。

制作步骤

1. 虾去头留尾，虾身开边去虾线。

2. 菜脯切片过一遍清水漂淡，金不换洗净沥干。

3. 汤锅放清水煮开，放油。

4. 投入菜脯和虾。

5. 煮开后加适量鸡精调味。

6. 出锅前撒胡椒粉，放入金不换。

参考菜谱三：老菜脯糜

原材料

大米、老菜脯、瘦肉、鱿鱼干（或干贝）、芹菜、盐、胡椒粉。

制作步骤

1. 鱿鱼干纵向剪成细条状泡发，老菜脯冲洗后切粒，瘦肉切片，芹菜切珠备用。

2. 大米淘好加适量清水入砂锅，大火煮，煮的过程中用勺子搅拌一两次，避免粘锅。

3. 煮沸后放食用油，加入鱿鱼干、菜脯粒。

4. 再沸后转小火，煮至米粒爆开。

5. 加入瘦肉片煮熟，视老菜脯咸度酌量加盐调味。

6. 熄火后加入芹菜珠，撒上胡椒粉即可出锅。

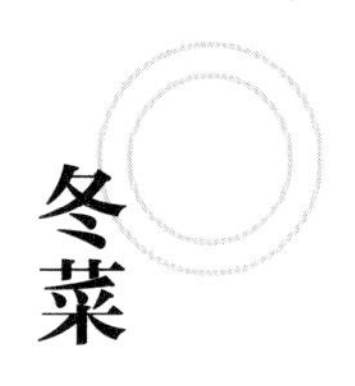

冬菜

冬菜是一种酱腌的潮汕杂咸，也是潮菜的标志性调味品。潮汕冬菜，要从天津说起。自清代起，潮汕与天津两地商业往来密切，早在乾隆年间，天津就建造有“闽粤会馆”，红头船载去潮糖、潮蓝等潮汕特产，运回来的北货里面就包括天津冬菜。

入冬之后，北方天寒地冻，蔬菜难以生长，当地人有“储冬菜”的习惯，大白菜于每年立冬收割，过了这一茬就买不到蔬菜了，于是乎各家争先恐后一车车买回家存放过冬。天津冬菜也于此时收购来腌制，这可能是“冬菜”名称的由来。

冬菜（摄影：陈斯鑫）

天津冬菜相传于清朝乾隆年间由河北沧州传入，原本只用大白菜腌制（称“素冬菜”），天津人加入蒜头后称为“荤冬菜”。民国时期，天津冬菜主要的产地在静海县，腌制的白菜也改用当地产的“小核桃纹青麻叶”白菜，进一步提升了冬菜的质量，远销东南亚。1937年9月，日军占领静海之后，天津冬菜产量严重受挫。

精明的潮汕商人未雨绸缪，早在此前已将冬菜腌制技术带回潮汕，腌制冬菜很快便在本地蔚然成风。《澄海县志》关于“传统食品介绍”中“苏南冬菜”的条目记载：

民国24年（1935）由商人引进天津白菜种及天津冬菜工艺制作，系天津青骨白菜的腌制品，既是烹调的调味佳品，又可作家居杂咸，主销闽粤赣等地，素有“江南香”之称。解放前，苏南冬菜均由私人经营，旺年年产500吨。解放后，统由苏南供销社设厂经营，年销量达2500吨以上……1979年以后，出现专业户精心经营苏南冬菜，重新恢复它的声誉，产销更为活跃，仅德邻村经营苏南冬菜的就多达20余户。

上文说的“小核桃纹青麻叶”“天津青骨白菜”，便是潮汕人所说的“青骨凤花（尾）白菜”或“天津青”，而“苏南”则是指今澄海区莲上、莲下两镇。当时苏南多个乡村的晒谷场都设点生产冬菜，用的就是邻近乡村种植的青骨凤花白菜。腌制冬菜只用菜骨不用菜叶，青骨凤花白菜菜梗长菜叶短，筋细肉厚，利用率高，是理想的原材料。当时部分乡人在菜场切菜、腌菜赚工分，由于近水楼台，时常会顺些菜叶回家煮，甚至腌制后还有人舀冬菜汁回家做菜调味。

估计是因为不耐热，季节性强，在潮汕出产的青骨凤花白菜跟不上生产需求，后来改用本地更容易种植的芥蓝蕾（又称“哥呖”，即包菜）作补充，一直沿用至今。故而现在的潮汕冬菜既有用白菜做的，也有用包菜做的。

冬菜腌制说难不难，只是需要时间，家庭腌制一般是把青骨凤花白菜切片后晒至半干，然后加盐揉搓，压出菜汁，再拌蒜头入缸腌制。工厂生产则用湿腌法：切好的白菜片直接浸泡盐水，压以重物，捞起来挤干水分，拌蒜头后入瓮发酵。之后整瓮放在日光下曝晒，隔段时间倒掉多余的汤汁，再补充拌好的菜把陶瓮填满，反复多次。严格来说，冬菜要发酵八个月后才进入最佳赏味期，只是现在腌制时间普遍缩短了。

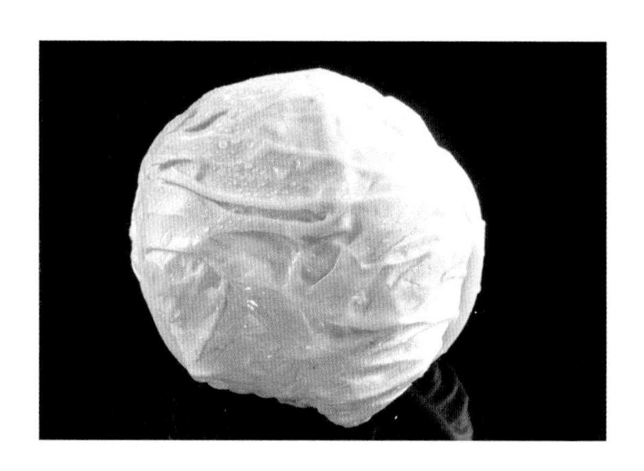

“哥呖”即包菜，是制作潮汕冬菜的重要原材料（摄影：韩荣华）

冬菜既可当杂咸，又可作调味料（摄影：韩荣华）

现今的潮汕冬菜，以揭阳地都所产最为出名，在家常菜中应用非常广泛。

腌制好的冬菜，可以直接用来配粥。老人家说“冬菜食蒜头味”，蒜头是冬菜香味的主要来源，但也正是因为放了蒜头，发酵后的冬菜有股辣气，直接吃的话一些人接受不了。因而作为杂咸，潮汕人对冬菜的态度可能是两极对立。

作为调味料，冬菜则是老少咸宜，男女通杀。传统冬菜一般放在汤菜里面调和味道，瓜菜的臭青味，鱼肉的腥臊味，一经冬菜调和，便可化解消除，连同冬菜自身的辣气也荡然无存，变得和谐融洽起来。常见的吊瓜汤、秋瓜汤、冬瓜汤都可以加冬菜，偶尔煮个米粉汤也要加冬菜才对味，潮汕砂锅粥更是非放冬菜不可。即便是粤菜的老火粥，也有放冬菜者。

冬菜本身带有盐分，煮汤前可过一遍清水，一来清洗，二来漂淡。如果不是汤菜，则可根据菜肴需要适当保留咸度和原味。

常见的冬菜蒸肉饼，用瘦肉切成小块，冬菜切碎加入，一同剁成肉臊，加点生粉、蛋清拌匀，摊成饼状蒸熟而成。不但开胃解腻，还能增香提味。《现代潮菜——一代食侠林自然菜谱》中记录了一道“冬菜肉墩”，就是在此基础上改良而成，只将余下的蛋黄煎成蛋黄丝拌碟，既避免浪费，又更加美观丰富，一举两得。

冬菜蒸鱼也是潮菜的常见菜式，比如蒸蛇鱼（豆腐鱼）、蒸癞哥鱼、蒸龙舌鱼。蛇鱼切段，用鱼露浸泡半小时，然后过清水洗净；粉丝泡软摆入盘中，码上蛇鱼段；冬菜切碎，和姜米均匀撒在鱼块上；热锅烧开水后，加隔层蒸鱼；蒸熟起锅前撒芹菜珠，淋上热油，撒上胡椒粉。冬菜的霉香蒜味和蛇鱼的鲜味完美结合，在汤汁的加持下，时常连垫底的粉丝都被一扫而空。

樟林德和里的强哥，有一道拿手的冬菜蒸癞哥鱼，做法是把癞哥鱼剔骨切块后，再拼成原形，鱼身抹上猪油，切碎的冬菜和蒜蓉过油炒香后，均匀敷在鱼身上，蒸笼上汽后放进去蒸熟，出锅前撒芹菜珠即成。由于不放盐和酱油，纯靠冬菜的咸度调味，冬菜用量较大，蒸出来的癞哥鱼十分入味。

另一道被认为是经典搭配的菜是冬菜清炖甲鱼，甲鱼杀好斩件，汆水后入炖盅，上面放两块汆过水的瘦肉，加清水没过食材，大火烧开后中火炖1小时左右，加冬菜继续炖约5分钟，出锅前再投入芫荽。

冬菜炊肉蟹（摄影：韩荣华）

有时候应急，冬菜加蛋液打匀，放点薄油摊开煎至两面金黄，便是家常小菜——冬菜煎蛋。再加点水煮开，还可以做成冬菜鸡蛋汤，是非常简易的农家菜。

冬菜一般不做主菜用，不过有个老式潮州菜叫“焖三冬”，煞有介事地把冬菜当主角。其实是把冬笋、冬菇焖至将熟后，再加冬菜同焖罢了。

汕头市岭东潮菜文化研究院院长林大川先生曾经在东南亚经营餐厅，他总结心得说：不管走到哪里，只要带上咸菜、菜脯、冬菜、鱼露和普宁豆酱，做出来的菜就是潮州菜。

可见冬菜在潮菜中的地位并不亚于咸菜、菜脯。

蔡澜先生也曾在其著作《蔡澜食材字典1》中写到冬菜对其他国家和

地区饮食风味的影响：

你到潮州人开的铺子里吃鱼蛋粉，汤中总给你下一些冬菜，这口汤一喝，感觉与其他汤不同，就上了冬菜的瘾了。从此，没有了冬菜，就好像缺乏些什么。

潮州人去了泰国，也影响到他们吃冬菜，泰国菜中像腌粉丝等冷盘，下很多冬菜，他们的肉碎汤或者汤面中也少不了。

作为配菜，冬菜就像是交响乐中的竖琴、药材中的甘草，虽不起眼，却不可或缺。这样的品性，像不像你身边那些低调行事、人缘极好、热心助人，能闷声发大财的潮汕人呢?

家庭杂咸参考做法

冬菜

原材料

青骨凤花白菜（或包菜）、蒜头、盐。

制作步骤

1.青骨凤花白菜分瓣掰开，切掉叶尾。

2.菜骨洗净后切成约2平方厘米的小块，晒至柔软。

3.蒜头每粒切成三四小块。

4.冬菜和蒜头放入大盆中，加盐拌匀。

5.静置两天，任其出汁，去汁装罐压实，密封。

6.发酵半年至八个月，即可开封食用。

参考菜谱一：冬菜蒸蛇鱼（豆腐鱼）

原材料

豆腐鱼、豆粉丝、冬菜、芹菜、胡椒粉、鱼露。

制作步骤

1.豆粉丝用水泡软，捞起沥干，冬菜切碎、芹菜切珠备用。

2.豆腐鱼切块，用鱼露浸泡半小时，捞起沥干。

3.豆粉丝平铺在盘底，豆腐鱼码在上面，冬菜撒于豆腐鱼上面。

4.蒸锅水烧开，豆腐鱼入锅，盖上盖子。

5.出锅前撒芹菜珠、胡椒粉。

参考菜谱二：潮式米粉汤

原材料

米粉、冬菜、黄瓜、墨鱼丸、干贝、芹菜、鱼露、胡椒粉。

制作步骤

1.干贝泡发洗净，黄瓜削皮切薄片，芹菜梗切珠备用。

2.盛一锅水，投入干贝，大火煮开。

3.投入米粉、墨鱼丸、冬菜。

4.煮沸后放油，投入黄瓜片，加鱼露调味，煮沸即可。

5.出锅前撒芹菜珠和胡椒粉。

贡菜

汕头电台的《时光家书》栏目曾经播读过一封侨批如下：

慈亲大人尊前福安：

敬禀者，接来回批，云事知详。寄喜添叔贡菜大小二罐已收到，免介。年尾，仙爷回銮，肖在外有题银二元，广丰公司题银六元，祈知之。

大弟叔此次回塘山，谅有到俺家中坐谈可知。仙洲乡吾胞姐来与肖讨柳油，庚有便之人回塘，自晓送上应用，免念耳。

兹奉上洋银20元，到时查收，家情之需耳。

福安

丙五月初二日

肖陈集亮顿

这是1926年6月（丙寅年五月）华侨陈集亮写给家乡母亲的侨批，信中除了循例说明款项之外，还提及“仙爷回銮”题银和胞姐讨柳油之事，让人得见在外华侨对家乡老爷事和亲人的关心。而其中“寄喜添叔贡菜大小二罐”一句尤其引人注目，彼时番畔生活想必不比唐山差（潮汕人把外国称为“番畔”，在外华侨则把祖国称为“唐山”，常见侨批用俗字写作“塘山”），可华侨还要漂洋过海托人寄贡菜过去，可见最能安抚乡愁的就是这罐小小的贡菜了。

贡菜（摄影：陈斯鑫）

也正是因为华侨的需求，至少在清代，潮汕地区的酱腌菜（包括酸咸菜、菜脯、贡菜等）就已经出口到东南亚。据1992年出版的《澄海县志》记载：“盐渍菜向来为澄海县出口的重点传统产品之一，历久不衰。在汕头为澄海辖属时，每年平均出口值10万两（关平银）以上。”

《澄海县志》在介绍澄海县特有食品时，贡菜赫然列于首位，足见其重要性。

澄海县特有的食品有：贡菜、冬菜、咸菜、菜脯、南姜白贡腐。

贡菜是潮汕人再熟悉不过的杂咸。为什么叫“贡菜”呢？一种说法是当年宋帝昺流亡到潮州地区，一时饥不择食，当地百姓便献上白粥和自家的腌制小菜，小皇帝吃得津津有味。由于有这一进贡的传说，因而称作“贡菜”。另外一种说法是来源于一种制作技艺。请教做了30多年杂咸的老师傅，则表示：贡腐、贡菜之类的食物，通过日晒阳醅之后再密封，由于加入了高度白酒，发酵过程会产生气体，开封后冲鼻的味道会熏到人，所以叫作“贡”。潮汕话确实有“芳到贡”的说法，算是比较可信，只是“贡”的本字已难以考证。

究其原理也可以从专业的著作中找到依据。被称为“美食圣经”的《食物与厨艺》（哈洛德·马基著），认为在密闭的无氧环境下植物身上的有益微生物大量繁衍，从而起到防腐和增味的作用。“因为微生物会制造二氧化碳，可以防范氧化破坏；微生物还常制造大量B族维生素，产生新的挥发性成分，更增食物香气。”这段描述可以解释绝大多数腌制泡菜类风味的来源。

南姜贡菜（摄影：韩荣华）

制作贡菜的原材料是包心大芥菜，
俗称“大菜”（摄影：陈斯鑫）

以前潮汕农村贫穷，普通人家比较少吃到鱼和肉，贡菜和菜脯、咸菜一样，是日常吃白粥的主要配菜，故而家庭多有腌制。每到春节前后大菜收成，便搬出家中的缸瓮甄瓿来腌贡菜，有些人家里装贡菜的木桶将近一人高。小一点的陶瓷罐或玻璃罐子，称为“贡菜甇”，或者干脆把贡菜装在高度酒的玻璃樽里，沾点酒气，只是吃的时候要用一根带钩的“亚铅”（铁丝），把贡菜钩出来。计划经济时代，有些乡村会设置专门的腌菜场，让村民负责切菜、腌菜，再把腌制好的贡菜上交。外砂蓬中乡至今仍保留有“贡菜埕”的地名。

贡菜同样用大芥菜腌制。专业生产按制作方法可以分为干腌和湿腌。干腌法：将大菜切条状或者粒装，晒至半干，再以100斤菜30斤糖的比例加白糖，再加豆豉、南姜和少量的盐，压实入瓮，称为“晒贡”。湿腌法：将大菜切条或切粒，加盐水，上面压重物，让菜汁流出，然后再捞起洗净盐水，同样以100斤菜30斤糖的比例加白糖，再加豆豉、南姜，由于用盐水浸泡过，无需加盐直接装入瓮，称为“水贡”。

许永强老师的《潮州菜大全》把贡菜按口味分为咸、甜两种，不过，家庭制作多数还是会放糖的。大芥菜切条（菜蕾则切角），曝晒至半干，先用盐揉搓，逼出水分，再加糖腌制，加少许米酒，装入罐子密封两三天即可食用。此时贡菜还是青绿色，口感酥脆，称为“酥贡”，仍有少许辣气，可生吃而不宜烹煮。如果密封上月，打开来黄褐晶亮，则贡菜完全熟成，酱香醇厚，生吃熟食一样迷人。村里杂咸铺卖的贡菜，还会加入南姜麸，吃起来脆、嫩、甜，又有酒香和南姜风味，堪称下粥神品。

潮汕家常菜也拿贡菜来煮鱼、焴猪肉、炒牛肉。

煮鱼搭配淡水的鲫鱼，咸水的马鲛、午笋、石降鱼都可以。常见的贡菜煮午笋，砂煲烧干投入贡菜和姜丝略微炒香，放入切好的午笋鱼段（大午鱼则切圈），加水没过鱼身，煮开后转小火，视贡菜咸淡程度适当加酱油调味，起锅前撒芹菜段提鲜。午笋丰腴软嫩，淡淡的贡菜香更能衬托鱼的本味。而烹煮后吸收了汤汁的贡菜，涨发形成软脆多汁的口感，贡菜的

1. 贡菜煮午鱼（摄影：韩荣华）

2. 贡菜、乌榄、虾仁菜脯（摄影：韩荣华）

霉香味和鱼肉的鲜甜互相交融，吃起来妙不可言。

对许多潮汕人家来说，贡菜烳肚肉（煮五花肉）是一道平凡又美味的家常菜，五花肉切片，入砂锅用小火逼出油，加入贡菜和几颗蒜头略炒，再加水淹没食材，大火煮沸，倒入适量的酱油调味，放两颗小米辣椒，小火烳约15分钟，加少量冰糖煮化即可。贡菜的酒气可祛除肚肉的油腻，又赋予它泡菜独特的霉香风味；原本晒得干皱的贡菜，吸入猪油和汤汁，变得饱满丰润，菜有肉香，可谓相得益彰。小时候在家，见到饭桌上的贡菜烳肚肉不见得会下筷子，若是长期在外，却能瞬间勾起乡愁，一口下去，顿时便有大大的满足感。

或许对于潮汕人来说，可以总结出一条放之四海而皆准的公式：白粥+贡菜=煞嘴。

家庭杂咸参考做法

贡菜

原材料

大芥菜、盐、糖、南姜、豆豉。

制作步骤

1. 大芥菜切粒或切条，晒干。

2. 加盐揉搓出汁液后，加糖、南姜、豆豉等拌匀。

3. 装瓶或装罐，密封发酵。

4. 一星期后即可开封食用。

参考菜谱一：贡菜煮花肉

原材料

贡菜、五花肉、蒜头、辣椒、冰糖、酱油、料酒。

制作步骤

1. 五花肉切片，蒜头去膜，辣椒一粒斜切两半，备用。

2. 砂煲煸香五花肉至微焦出油，投入蒜头炒香。

3. 放入贡菜，加开水没过食材，大火煮沸后转小火。

4. 根据贡菜的咸度酌量加入酱油调味，加冰糖和料酒，辣椒放于上面。

5. 小火煮约15分钟即可出锅。

参考菜谱二：贡菜煮午笋鱼

原材料

午笋鱼、贡菜、芹菜。

制作步骤

1. 锅里放适量清水煮沸，放入鱼块、贡菜同煮。

2. 煮沸放油、贡菜汁，继续煮至收汁。

3. 出锅前撒芹菜段。

乌榄

20世纪90年代初期，一位几十年没回过家乡的老华侨，刚下飞机就想吃乌榄，但是激动之下竟然不知道怎么说，热泪盈眶地比画着说："乌乌、尖尖，像橄榄一样……"没想到在本地人看来平平无奇的乌榄，到了老华侨眼里却变得如此稀罕珍贵。

新鲜的乌榄（摄影：韩荣华）

乌榄树植株高大、树冠优美，老树可达几十米高，树干粗壮，成人展开双臂都抱不下。同属橄榄科，乌榄习性与橄榄相似，种两三年需嫁接，至六七年才结果，果实状如橄榄，果皮乌艳，肉紫蒂黄，核大而硬。乌榄收成时间跟橄榄相近，都在霜降时节。成熟的乌榄其实可以生吃，味道淡甘微涩，不酸不甜，可能是过于寡淡，直接生吃比较少见。

广东人吃乌榄的习俗由来已久，清初屈大均的《广东新语》有较为翔实的记载：

橄榄有青、乌二种……白榄利微，人少种，种者多是乌榄，下番禺诸乡为多。种至两岁，乌榄秧长八九尺，必扦之乃子，扦至三年而子小收，十年而大收矣。其树本高而端直，多独干，至顶乃布枝柯。……子如枣大，长寸许，光无棱瓣，先生者下向，后生者上向，八九月熟。梯之击以长竿，或刻其干东寸许，纳以红盐，则其干东子落，刻其干西或南北寸许亦然……乌榄子大肉厚，其性温，故味涩甘，以温水泡软，俟紫脂浮溢乃可食。水冷则湿生胶，热则肌肤反实，故必温水之和乃醇。

潮汕地区出产的乌榄有多个品种，如柴头榄和车拴（“拴”潮音读如“酸”）榄等，柴头榄个头圆大，车拴榄个小双头尖，本地以车拴榄为贵。最为出名的，当属普宁船埔镇新联村的吊思茅乌榄。吊思茅原本是船埔镇山上的自然村，尽管现在村民都已经搬到山下居住，但山上依然保留着500多棵两三百年树龄的野生乌榄树，结的果子呈三棱状，果实饱满，油脂丰富，腌制后尤其甘香。由于吊思茅乌榄树龄大、纯野生、结果少，售价居高不下，近年卖到两三百元一斤。

潮汕人吃乌榄也简单，最常见就是拿来制作杂咸。先煮一锅蟹目水，熄火后端离火位，倒入乌榄，盖上盖子浸泡约两小时，滤干后再加盐腌制，可加些南姜麸同腌，风味更佳，过几天即可食用。火候是关键，传统的说法是水不能煮沸，煮沸则乌榄返硬，有句歇后语叫“拍铁仔烫乌榄——愈焴愈横”，打铁铺的炉火现成，打铁师傅任由它煮，反而越煮乌榄越硬，比喻做事方法不当，过于依赖现成的资源，结果适得其反。

腌制好的乌榄果肉结实，甘香隽永，土话说“横芳横芳”（潮音读如“殿攀”），是早餐配糜佳品，一般杂咸铺有卖。潮汕话中“榄”和“揽”同音，而“揽”在潮汕口语中有搂抱暧昧之意，因而买乌榄时常

腌制好的乌榄（摄影：韩荣华）

会闹出笑话。《国际日报》副总编辑曾旺强老师年轻时长得英俊潇洒，有天早上到菜市场买杂咸，面对琳琅满目的杂咸，一时犯了选择困难症，看店的妹仔问他想要买什么，曾老师脱口而出说了句“我爱榄”，谁知说者无意，听者有心，卖杂咸的“姿娘仔”脸蛋“唰”一下就红了，原来同音的“我爱揽”在潮语中有“我想要搂搂抱抱”的意思。

另一个故事也是说一名后生兄去买乌榄，看到乌艳饱满的乌榄，就随手抓一粒捏了下，老板娘担心优质的乌榄被捏坏了，随口说了句：“兄啊，好榄勿掷！”由于这句话在潮汕话里还可以理解为“可以搂抱但不能抓摸”，容易引起误会，一时也被引为笑话，广为流传。

用乌榄做的另一种杂咸叫“榄橛”，顾名思义就是将乌榄切成两橛。广府人说的“榄角”，分干湿两种，用以入菜的多是干榄角，湿榄角则是潮汕人所谓之“榄橛”。做法是先用温水将乌榄浸软，再用棉线切割榄肉，脱核后加盐腌制。榄橛相对速成，待盐化后即可食用，口感偏软，胜在新鲜。旧时落巷卖鱼饭的小贩，同时也会卖榄橛，盛在鱼饭筛中，买的时候称好分量，用旧报纸糊的纸筒装好，拿回家装盘即可直接食用。

在南澳岛，乌榄还有一种独特的做法——榄泥（又称“榄膏”）。乌榄去核后，用过滤网搓出榄泥，加入姜米、水和糖，小火熬煮，味道咸中

榄橛（摄影：韩荣华）

榄核（摄影：陈斯鑫）

带甜，甘和可口。按照南澳本地人的说法，如果肠胃不好的话，榄泥要放点猪油下去略炒，冷却后再装罐存放，吃了便不会反酸。

广东的珠三角一带盛产乌榄，乌榄的吃法自然也多，常见的有榄角蒸鱼、榄角蒸排骨、榄角蒸豆腐、榄角炒四季豆，等等。

“秋风起，食腊味”，入冬时节，咸鱼腊肠蒸榄角便是广府人家的家常菜。做法非常简单，只需将咸鱼、腊肠、榄角装入盘中，加点姜丝蒸熟即成，3种腌制风干的食材凑在一起，相得益彰，把各自的韵味都逼出来，吃起来饶有风味。

乌榄吃毕，榄核还大有用处。增城人用作雕刻材料，雕出来的工艺品小巧玲珑，称为“榄雕”。潮汕地区的小孩子则会将榄核留存下来，与小伙伴玩“弹榄核”的对赌游戏：一方将榄核堆积，一方挑一颗大的榄核作为“母子”，在约定距离外用手指弹击，弹开来的榄核便归其所有。据李汉庭先生的《人文风土录》一书介绍，以前这颗“母子”要先磨出榄仁，再灌铅水，如此重量倍增，可以弹出更多榄核，现在早已不见这种操作。

榄核质地坚硬，需用铁锤或者石臼捶破，曾听闻牙口好的人可以直接将榄核咬碎，感觉不可思议。还有一种方法是将榄核曝晒至水分消失殆尽，放进盆里，淋上滚烫的开水，榄核便噼里啪啦自动裂开。掰开来可见榄仁，脱去褐色外膜，米白色的榄仁甘香可口，是旧时小孩子为数不多的零嘴，也是五仁月饼的主要馅料。现在榄仁已经应用到许多糕点里面，就连简单的萝卜炒饭，撒上几颗炸榄仁的碎渣，都能增色添香。

潮汕人嗜食工夫茶，传统煮茶的炉具用红泥风炉砂铫锅，而最好的燃料则是榄核烧制的炭。榄核炭持久耐烧，炉火均匀，旺火无烟，别具异香，烧出来水质松软，茶香倍增，茶客竞逐之，价格自然不菲。

家庭杂咸参考做法

乌榄

原材料

乌榄、海盐。

制作步骤

1. 乌榄洗净沥干备用。

2. 煮一锅水至90℃左右（冒小泡），熄火。

3. 倒入乌榄，焖煮两个小时。

4. 加入海盐（乌榄和盐的比例为10 : 2）腌制。

参考菜谱：榄角巴浪鱼

原材料

巴浪鱼、榄角、豆豉、生姜、蒜头、辣椒。

制作步骤

1. 巴浪鱼洗净沥干，生姜切片，蒜头拍扁，辣椒切大块。

2. 不粘锅放油烧热，放入巴浪鱼，煎至两面金黄。

3. 高压锅锅底放蒜头、姜片、辣椒，巴浪鱼整齐摆在上面，倒入一碗酱油水，均匀撒上榄角和豆豉，再淋上煎鱼剩下的油。

4. 高压锅盖上盖子，大火煮上汽后，再转小火煮20分钟。

5. 冷却后再吃口感更佳。

咸水梅

咸水梅（摄影：韩荣华）

每年大寒前后，饶平县的青竹径村和东明村等地就开始大塞车，因为此时正是梅花漫山遍野盛开的时节。想象下跟三五好友，或从梅林阡陌款款漫步，或于梅树下围坐喝茶，或借梅花美景拍照录像，看片片随风飘落的花瓣，闻阵阵沁人心脾的暗香，听小鸟啾啾蜂蝶嗡嗡，好不惬意！于是周边的人们便不约而同驱车前来赏梅，以至于短短十来天的赏花期，可以在居豪村临时凑出个圩市来。

热闹过后，大山里的梅林将恢复往日的恬静，迎来长达三个月的结果期。

到谷雨时节，伴随着润物无声的春雨，枝头的梅子便如情窦初开的少女，忽然就红起脸来，似乎在提醒着果农，是时候采摘了。清代的何献葵有诗云："梅子肥时落地轻。"成熟的梅子水分充盈，肉质由坚脆密实变得疏松绵软，落地的声音也由掷地有声变得轻盈。这句诗把梅子成熟时的神韵描绘得惟妙惟肖，虽然只是孤句，未能成章，还是被袁子才（袁枚）收进《随园诗话》里面。

潮汕人把梅子唤作"青竹梅"，本地主要产区除了潮州的饶平以外，还有揭阳的普宁以及汕头的潮阳等地。

由于酸度太高，梅子一般须经腌制后再食用。一到时节，许多家庭主妇都会买梅子来腌制咸水梅。市面上卖的梅子也不全是熟透的，有些果皮还是青色，买回来后要放置一两天，等到果皮完全变黄了，再倒进开水烫软，滤干水分冷却后，加盐装瓶即可。最好腌两个月以上，等梅子软身再食用比较适宜，隔年的咸水梅风味尤佳。咸水梅不怕久放，酸能杀菌，咸可保质。潮汕话说"一粒梅三斗火"，新鲜的青竹梅性热，吃了容易上火，但时间是个神奇的魔术师，腌制过的咸水梅会慢慢转化为寒性，陈年的老咸水梅还有降火解暑的功能。

潮汕气候炎热，夏天容易食欲不振，只需取一粒咸梅，加一勺白糖，冲入开水，便是简易的酸梅汤，喝了开胃舒畅，解暑下火。放在热带地区，需求更大，所以潮汕的咸水梅一直以来都畅销东南亚。

用来配粥的话，不用一粒咸梅就可以吃两碗白粥。如果用咸梅来腌制酸甜小番茄、醋姜、观音豆等，就变成新的杂咸了。

一般人家煮食多用咸水梅的酸味辟腥，搭配煮鱼鲜。煮汤如咸梅㸆鲤姑、咸梅㸆鲫鱼、咸梅炖乌耳鳗等，既可去腥增味，又可开胃消食。咸梅煮海水鱼也是潮汕家常菜，如咸梅午笋、咸梅金鼓、咸梅河豚、咸梅娘哀（泥猛鱼）、咸梅斑猪等，可蒸可煮，也可和五花肉一起落砂锅焖，加姜丝和芹菜搭配。梅子去核后将肉研碎，敷在鱼身上，蒸起来更加均匀入

1. 咸梅鲫鱼煲（摄影：韩荣华）

2. 咸梅炖猪脚（摄影：韩荣华）

味。近年来流行的梅汁焗血鳗更是成为高档潮菜馆的新宠。

搭配肉类如咸梅炖猪脚，可咸可甜，又解腻，又增添风味，部分菜式做法如下：排骨焯水后沥干，咸梅去核切碎加入，再放白糖、蒜蓉拌匀，加入生粉拌匀后腌制半小时，蒸熟后撒上葱花，就可以吃到美味的咸梅蒸排骨了；梅汁鸭只将鸭肉切块炖熟，起锅前淋上梅汁，清爽开胃。1979年上海华侨饭店编著的《福建·潮州菜点选编》收录了一道“梅酱拌鸡片”，做法是将鸡肉、菠萝、枇杷、樱桃、黄瓜切片，再将梅酱、糖粉、白醋、麻油拌匀淋上，最后撒花生米，是一道夏令凉拌开胃菜。

青竹梅不但可以咸腌，也可以用糖腌制。潮汕歌谣就有“想食青梅捶白糖”的唱词。有时候胃口不佳，一粒咸梅捶烂拌白糖，便可下粥。

清初的《广东新语》称当时广东盛行吃“糖梅”，并且是嫁女儿必备之物：

嫁女则以干湿诸果为女贽，多至数千百罂，而糖梅为长。无糖梅，虽多远方珍果，充溢筐筥，未为成礼也。故召宾之辞，皆曰梅酌。宾亦以糖梅展转相馈，务使人人口尝而后已。故曰：男贽茶麻女贽梅。梅七而榄三谓之敬，梅三而榄七谓之不敬。

如今揭阳一带依然保留腌制糖梅的习俗，其腌法是用糖渍逼出梅子的酸汁，倒掉后再重新加糖，反复多次，直至可接受的酸度为止。糖梅吃起来口感爽脆，甘甜微酸，可配糜，也可当零食。

青竹梅还大量应用于制作蜜饯，潮州潮安、汕头澄海、揭阳等地凉果厂经常会用青竹梅来做原材料，常见的有话梅、梅脯、脆青梅，等等。作为零食，吃起来生津解渴，消食开胃。

不少人家还会泡梅子酒，梅子用开水烫过后，加冰糖，浸入高度米酒当中，隔一两个月便可饮用。酸酸甜甜容易入口，男女都能喝，旧时有喝梅酒预防感冒的说法。

潮汕是灯谜之乡，《潮汕民俗大典》收录谜人柯鸿才的一则经典赋体谜，谜面为：

黄瘦肥肿某阿兄，四月中旬桥顶行。

被人捶打成肉酱，糖伯陪伊告官厅。

猜一种食品，谜底是“梅膏”。

赋体诗要求谜面能成诗，此谜表面上描述一位兄人（方言，类似于大哥）被人打之后去告官的经历，实际上暗含玄机。黄是梅子成熟的颜色，“瘦”同“酸”字，是梅子的味道；“某”是古“梅”字，“阿兄”就是“哥”，潮汕话与“膏”同音，光是第一句就足以解释谜底。“四月中旬”是梅子成熟的时节，如潮汕民谣所唱“四月梅落沟”。“桥顶行”既可以理解为在桥上走，又是指当年潮州桥头水果商行的集散地——桥顶行。“被人捶打成肉酱”是指梅膏的制作过程——去核后捶烂。“官厅”旧称衙门，潮汕话与“牙门”同音，和“糖伯”一起送进“牙门”，说的是梅膏的吃法。全诗

腌甜梅（摄影：陈斯鑫）

句句关题，层层叠扣，实在是妙趣横生。看懂这则灯谜，也大致知道梅膏的制作和食用方法了。

梅膏酱是用青竹梅焯熟沥干，加盐去核之后，再加白砂糖熬制而成，酸甜可口，开胃生津，应用广泛。潮州菜中，梅膏酱用来做烧响螺、烧雁鹅、烧大肠、干炸粿肉等菜式的蘸酱。而在粤菜里面，梅膏酱也是烧鹅的灵魂蘸酱，烧鹅要够肥才好吃，但脂肪多又容易起腻，蘸上梅膏酱，非但解腻，还能增添风味，让人不觉多吃几块。

传统的梅汁水果，如泰国木仔（番石榴）、苹果、梨等，便是加梅膏腌制。甘草水果如甘草桃，“礤桃”（一种腌制方法，用小船桨在陶缸里搅拌让缸里的桃子入味）时则是用整颗的咸水梅。

20世纪80年代，潮汕地区的电冰箱尚未普及，也没有那么多形形色色的饮料，夏天口渴了就买一杯冰水，放一勺梅膏酱、一勺白糖，拌匀之后喝一口，清凉过瘾。

梅膏酱加上南姜、醋、辣椒、芝麻等配料，还可制成三渗酱，是吃血蚶、内螺（东风螺）、烟筒钗（海钉螺）的最佳蘸酱。不过，按照许永强老师在《潮州菜大全》一书中的说法，三渗酱其实是制作梅膏酱之后剩下的边角料加以利用：

三渗酱是潮州菜中特有的一类调味品。它的制作方法是使用制作梅膏后剩下的梅核和梅皮。把这梅核和梅皮晒干，用机器粉碎，加入南姜、红糖和适量的盐，便制成三渗酱。因这酱料是采用梅、南姜、红糖三种原料渗和而成，因而称为三渗酱。

如此物尽其用，又独特美味，不由得让人对以往的潮菜从业者心生敬佩。一粒青竹梅，被潮菜师傅用得渣都不剩，也算是“功德圆满”了。

家庭杂咸参考做法

咸水梅

原材料

青竹梅、盐。

制作步骤

1. 青竹梅买回家后静置数天，待果皮完全变为黄色方可腌制。

2. 拣出合格的梅子，未成熟或者太熟烂掉的不用。

3. 煮一锅开水，把梅子倒入其中，烫软后捞出，沥干水分，晾至常温。

4. 以10斤梅子3斤盐的比例腌制，入罐密封。

5. 至少两个月起方可食用，最佳赏味期在一年以后。

参考菜谱一：酸梅煮娘哀（泥猛鱼）

原材料

咸水梅1粒、泥猛鱼4条、生姜、芹菜、普宁豆酱。

制作步骤

1. 泥猛鱼杀好洗净，鱼身肉厚的部位斜切一刀，吸干水分。

2. 生姜切丝，芹菜切段，备用。

3. 锅里放适量清水煮开，放入鱼，加盖煮沸。

4. 加入调和油，咸水梅1粒用筷子捣碎，放置鱼身上。

5. 酌量加入普宁豆酱调味。

6. 保留少量汤汁，出锅前放入芹菜段。

参考菜谱二：咸梅蒸排骨

原材料

咸梅、排骨、蒜头、葱、白砂糖、生粉。

制作步骤

1. 排骨洗净焯水，捞起沥干备用。

2. 咸梅去核，切碎，蒜头切成蒜蓉，葱切成葱花备用。

3. 排骨装盘，加入咸梅、蒜蓉、白砂糖拌匀。

4. 加入生粉拌匀，静置腌制半小时。

5. 蒸锅烧开水，上汽后放入排骨蒸约15分钟。

6. 出锅撒上葱花即成。

贡腐

“厝顶曝豆干，雅雅姿娘坐南山。”这句潮汕歌谣的意思是屋顶上晒着豆干，有位漂亮的女子坐在南山。其中的“曝豆干”，极有可能是腐乳或贡腐的一道制作工序。

做腐乳也好，做贡腐也好，首先都要会做豆腐。潮汕人把豆腐叫作“豆干”（潮音“干”读如“官”，类似的读法还有葡萄干、龙眼干等等），把豆腐花叫作“豆腐”，而真正的豆干却被称为“香腐”。

黄豆浸泡之后磨浆，煮成豆浆后用盐卤点卤，待其凝结后舀进模具里压坯，最后切成方块，做出来就是潮汕的“豆干”。如果用重卤，盐分多水泄得快，压制的时间也更长，做出来就是“香腐”了。

贡腐（摄影：韩荣华）

贡腐所用到的原材料更接近于“香腐”，做好的香腐块再拿去煮盐水，然后捞起曝晒，隔段时间再翻晒，大致晒到皮硬为度。

另一边黄豆浸泡后蒸熟，加入食用菌种，让其菌种接种繁殖，培养成菌醅，再加入小麦粉、盐水、白糖、南姜麸，晒成酱。

晒好的腐块装进一个大约30厘米高的“腐乳甄”里，底部铺一层酱，然后一层腐块一层酱，码好之后顶部再加酱覆盖。装罐之后还要曝晒，陶罐太大中间晒不透，太小又不够装，腐乳甄不大不小，正好合适。盖上陶盖子，整罐放在阳光下曝晒，有太阳就翻开盖子曝晒，没有太阳则盖上。在热量的作用下里面的微生物发酵，开始分解，贡腐慢慢从白色转变为淡黄色，豆类的蛋白逐渐转化成氨基酸，形成鲜味和脂香味。时间通常需要三至六个月，五个月左右质量风味最佳。

晒完之后把一个个腐乳甄搬到包装车间，把封头酱取掉，拿一根竹批，一块块铲起来放进“贡腐甇”（专门装贡腐的陶罐，现在改为小玻璃

专门用于装贡腐的老式贡腐甇（摄影：陈斯鑫）

罐）里，底层铺一层酱，封口再加上一层香油，一来增香，二来形成隔离层，防止空气进入，起到保质作用。

吃的时候先拨开封口的酱，夹一块上来，放碟子里，要吃多少就用筷子夹下多少。不能放在粥里浸泡，粥不能太稀，也不能太烫，因为贡腐受热后风味就会损耗。

腐乳在全国各地都有，而贡腐则是潮汕独有，其原产地在澄海樟林。据东里南姜白贡腐第四代传承人江伟先生讲述，民国初年，其曾祖父、曾祖母江文秋、吴秋诰夫妇在樟林古新街创设家庭作坊，以“蝠鹿”商标经营杂咸和调味料。1930年，夫妇俩正式将其作坊定名为“勤发酱园”。

在此之前，吴秋诰于当地斋堂拜佛用的咸水豆干的基础上，加入白糖、白酒、南姜、香油等调料来增加风味，经过发酵后，形成了至今广受欢迎的贡腐，并亲自为之命名“南姜白贡腐”。

关于“贡腐”之名的由来，历来没有明确的说法。由于贡腐发明的年代在民国时期，此时已经没有皇帝，作为“贡品”的说法难以成立。也有一些学者前辈提出贡腐和豆干、香腐一样用来“贡（供）佛”，颇能自圆其说。不过佛家戒酒，腌制过程加了白酒的贡腐用来“贡佛”，恐怕也不适宜。相比之下，把“贡”解释为一种加入白酒的腌制技巧，可信度似乎更高一些。这个问题就留待读者自辨吧。

勤发酱园开始做的时候规模不大，做贡腐的原材料都是从豆干店进的货，豆干店老板经常贪小便宜，少放盐卤做出来水分就多，可以省下黄豆，看上去体积一样，其实达不到标准，做出来的贡腐质量必然受影响。第二代传承人江钦励多次跟豆腐店老板反馈，老板听多了不耐烦，赌气说了句：“你要是厉害就自己去做！”江钦励一气之下，真的买工具自己做。由于每天早上去挑香腐块都能看到制作过程，江钦励对整个生产流程都了然于胸，做出来的腐块更能保证贡腐的质量。

1956年公私合营，江家几位成员和豆干店老板都进入了“东里贡腐社”（后改名“东里食品腌制厂”）。有一年厂里评技术职称，江钦励评到最高级别，拿到48.5元的工资。到后来，原先的豆干店老板反过来向江钦励请教腐块的做法。

同样关于原材料供应的故事也发生在香油身上。由于香油品质达不到要求，江钦励从潮州的香油供应商身上学到制作技术之后加以改进，结果也是青出于蓝。主要改良了两点：其一是在磨香油的石磨子上面再叠放一块石头，增加压力，让芝麻更好地受力；其二是磨出的浆汁油水同流，改用更深更窄的容器承接，使得油层增厚，更方便于分离上层的香油。

由于公私合营之后南姜白贡腐由东里食品腌制厂负责生产，后来周边的居民都习惯称为“东里贡腐”。过去物资相对匮乏，碰上下雨天就没什么蔬菜卖，鱼肉也少，因而吃贡腐的人比较多。除了潮汕本地，贡腐还销往梅州和汕尾一带，甚至通过汕头南生公司出口到东南亚。

《澄海县志》记载：

东里南姜白贡腐系大豆腌制品，为家居杂咸佳品，以质优、味美、耐藏为其特点。南姜白贡腐始产于民国19年（1930），原为“勤发号”厂独家经营。解放后，纳入东里食品腌制厂集体经营。1962年，产品由汕头市果菜进出口公司定点生产，产品远销日本及东南亚一带。1985年产量为165.53万罐。

除了贡腐，东里食品腌制厂也生产腐乳。相比腐乳，贡腐质地更为细腻绵滑，有着更为浓郁的酒香和酱香味。发酵后的贡腐绵柔不好受力，包装依然依赖手工，机器介入会导致风味改变，故而产量相对有限。腐乳发酵后块状相对稳固，现在大规模腐乳厂的包装已经实现了自动化。

《澄海县志》同样有关于南乳出口的记录：

> 南乳：东里食品腌制厂生产出口，属潮汕地区传统杂咸小菜产品之一，出口历史悠久，早在汕头开埠以后便有少量出口，主销东南亚各国和地区。1979年起，澄海县南乳出口量迅速增加，每年平均240吨，出口收购值为50万元。

贡腐和腐乳，看似接近的两种食物，制作工艺却相差甚远。一来两者所用菌种不同，二来制作工艺不同。腐乳用阴醅，发酵过程不能晒太阳；贡腐用阳醅，发酵过程必须晒太阳。

腐乳制作的前道工序基本和贡腐一样，但是晒好的腐块会连前一天带酸的原汁一起浸泡，一块块放在通风的筛子上，然后整个筛子放进醅房，任其长毛，再加盐腌制，让腐块上的长毛软趴下来，形成保护层。第二天就可以装罐子，加入腐乳汁（如果是南乳，则加入南乳浆，用红曲米浸泡隔夜，磨成浆后加入酒、糖拌匀）。装罐后一层层铺开，每层中间铺一层纸，任其自然发酵，几个月后再把盖子打开，擦干净后，换上新盖子。腐乳有个特点就是放得越久，越有陈香味。

南乳，潮汕人习惯称为“红腐乳”（摄影：韩荣华）

南乳风片肉（摄影：韩荣华）

加入红曲发酵的腐乳，就变成红色的南乳，潮汕民间俗称“红腐乳”，风味特别。南乳由绍兴传入岭南之后，至今风靡广东，既可下饭配粥，也可以烹煮做菜，常见的有南乳炒空心菜、南乳肉，等等。五花肉切片，加入南乳腌制半小时后，焖煮20分钟便可做成南乳肉。据韩荣华老师介绍，潮菜中还有一个传统“南乳风片肉”，把大片的五花肉切得特别薄，再和南乳同煮，仿佛风一吹就飞走，因而得名。如果加入莲藕或者炸熟的芋头，就可做成莲藕南乳肉或芋头南乳肉了，潮汕有些粽子店做的双拼粽球也会加入南乳肉。冬天吃羊肉煲，蘸酱里也喜欢加入腐乳和南姜。

腐乳也用来制作各种潮汕小吃。和花生米做成南乳花生，既可配粥下酒，也可以当零食茶配，是一款老少咸宜的小吃。

近年潮汕流行的南乳鸡翅，将南乳和西式炸鸡技术相结合，鲜鸡翅用南乳汁腌制后，蘸炸粉油炸而成，外酥里嫩，香浓多汁，深受欢迎。由于南乳呈红色，咬下去看到鸡肉红红的容易误以为是血，有家潮汕人在深圳开的腐乳鸡翅店就曾经发生过客人误以为没有炸熟而投诉卖家的笑话。

最为知名的腐乳小吃当然是腐乳饼了。有一种说法是，汕头的腐乳饼由广州的鸡仔饼变化而来。据2020出版的《中国粤菜故事》记述，20世纪40年代，汕头礼记饼家请了一位从广州来的师傅，这位师傅根据鸡仔饼的做法调整了配方，用潮菜玻璃肉的做法，先用白糖腌制猪肉，配料加了花生米，并增加蒜蓉和南乳的比例，做出潮汕版的鸡仔饼，由于潮汕人习惯称南乳为腐乳，便改名“腐乳饼”。同在礼记饼家工作的黄临成师傅学到了制作技巧，于1956年将技术带到了汕头大厦的饮食部，再传给弟子肖文清。到1978年，肖文清又传给女徒弟郭丽文。传承过程中，腐乳饼经过几十年的改良，和最初的鸡仔饼已经有很大区别，简单地说，鸡仔饼是酥脆的，而腐乳饼是柔软的。干韧柔软的腐乳饼颇合潮汕人的口味，成为潮汕人初一十五拜神常见的供品，也成为日常工夫茶的茶配。

还有一种加了腐乳的小吃，也是从广州传到潮汕的。1938年，广州龙津中路德昌茶楼的点心师傅谭祖从回民的油香饼中获取灵感，加入广东特有的“南乳”，调整配方，研制出广州特色的咸煎饼，深受市民喜爱。1957年，德昌咸煎饼还荣获过“广州市名菜美点评比”美点类第一名。咸煎饼每个大约有碟子大小，厚度有两三厘米，口感如油条，表层酥脆油香，内心松软柔韧，味道咸中带甜，加上有独特的南乳和五香味，吃起来令人欲罢不能。

这种美味的小吃很快就从广州流传到潮汕地区，只不过在流传过程中误将粤语“咸煎饼”的读音讹读为潮汕话的“含绳并”或“含绳邓”。

家庭杂咸参考做法

贡腐和腐乳工序繁杂，制作周期漫长，不适合一般家庭制作，建议直接购买成品。

参考菜谱一：腐乳炒空心菜

原材料

空心菜、腐乳、蒜头。

制作步骤

1. 大骨空心菜洗净，梗切段，和菜叶分开，沥干备用。

2. 蒜头切成蒜蓉，腐乳研磨成酱（或者直接用腐乳酱）。

3. 油锅大火爆香蒜蓉，加入腐乳酱，炒香后先放空心菜梗。

4. 炒至菜梗将熟，放入菜叶继续炒熟即可。

参考菜谱二：腐乳鸡翅

原材料

鸡翅、腐乳、炸粉、白糖、姜、葱、料酒。

制作步骤

1. 新鲜鸡翅洗净，每只用刀划几下刀花，以便入味。

2. 加入姜片、葱段、腐乳、料酒、糖，用手抓匀，腌制一小时。

3. 炸粉加水拌匀。

4. 油温烧至八成熟（以筷子插入会迅速冒小泡为度），鸡翅蘸炸粉后放进去。

5. 炸5分钟左右，捞起沥干，即可食用。

下篇

杂咸大观

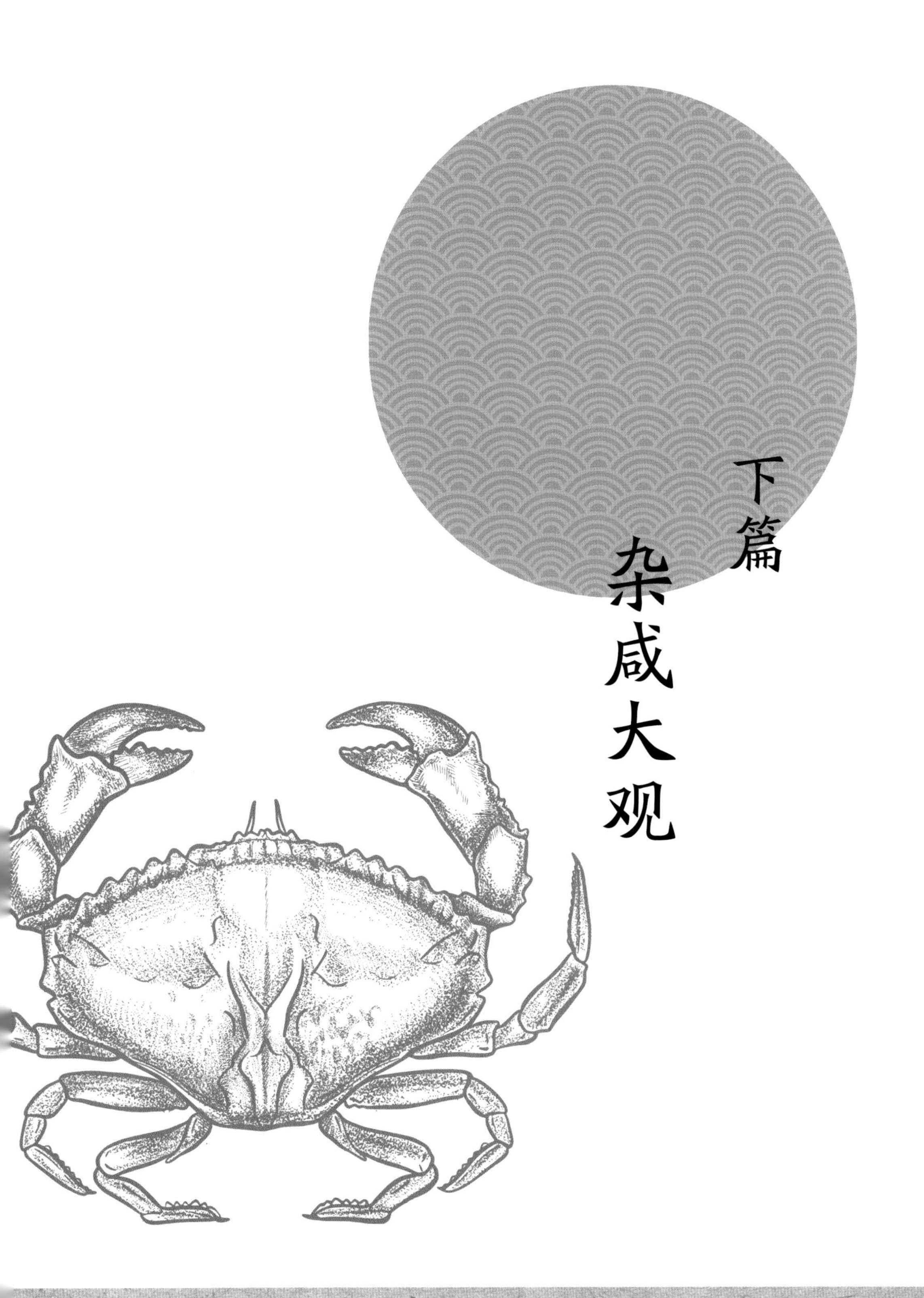

酱腌菜类

豆酱姜

过去潮汕许多人家都会自制豆酱，以普宁地区酿造的豆酱最为知名，因而称为“普宁豆酱”，但本地人日常只说“豆酱”。

豆酱用黄豆熬熟去汁，麦粒炒熟后研磨成粉（现在多直接用面粉了），混合后盛于竹笳（潮汕家庭常用的一种竹编容器，常见直径约为一米，高五六厘米）上，再盖上棉被等保暖物体，在高温下任其发霉，约摸一星期后，加盐和水混合后装入瓮，之后整瓮任其曝晒，霉菌滋生逾月，长出来的菌菇越青，豆酱的品质就越好。

要用到时便拿个小碗，揭开封口，酱香扑鼻，拿支带长柄的竹觅，拨开上面一层，要伸到瓮底才能捞豆酱粒。好豆酱盛出来金黄鲜亮，均匀润滑，豆瓣分明，看到便有了食欲，吃起来咸甜适可。旧时豆酱端上桌后，时常还能见到蠕动的豆酱虫，这是

老豆酱（摄影：陈斯鑫）

豆酱腌制发酵环境下的必然产物，老辈人甚至认为要生虫的豆酱才是好豆酱，故而潮汕有句俗语叫作“豆酱无虫，世上无人”，吃惯豆酱的潮人也见怪不怪，撩去便是。

现在工业制作的豆酱有一道蒸汽杀菌工序，什么细菌虫子早就死光光了，因而大家也不必担心吃到有虫子的豆酱了。

潮汕俗语“熟过老豆酱”，形容对某人或某种事物十分熟悉。现实中的豆酱也是越老越好吃，老豆酱颜色为褐色，质地黏稠，酱香浓郁，充分发酵之后，黄豆中的蛋白质转化为氨基酸，鲜甜甘美、酱香醇厚。

豆酱可以用来做蘸碟，也可以用来炒菜、煮海鱼。除了豆酱炒沙虾、豆酱焗鸡、豆酱焗蟹等名菜外，豆酱炒蕹菜、豆酱炒麻叶、豆酱炒春菜、豆酱煀海鱼等都是潮汕地区的家常菜。

豆酱也用来腌制杂咸，比如甜瓜脯，比如西瓜皮，比如豆酱姜。

《潮州志》记载：“姜：有南姜、指姜二类。指姜因其形似手指，故名。又称稚姜，老者称姜母。”南姜，也就是高良姜，是潮菜的味觉标志之一，潮汕卤鹅的必备调料，也是众多杂咸的灵魂伴侣。“指姜”，指的就是生姜，在潮菜中应用十分广泛，大多数水产的烹饪都需要生姜来辟除腥味，禽类也要用生姜来去除腥臊味。

《潮州志·物产志·药用植物》对于“姜”有另一段描述：

蘘荷科，蘘荷属。栽培于园圃之多年生草，高六十至九十公分，叶长披针形，叶脉平行，夏秋间自根。根茎老者称姜母，作健胃。

俗话说“姜还是老的辣”，比如说腌制浒苔就要用到老姜，既可辟腥又可驱寒。部分潮汕人还有晒百日姜的传统，从五月初五正午，把生姜

$\frac{1}{2}$

1. 豆酱姜（摄影：韩荣华）

2. 豆酱姜煮草鱼腩（摄影：韩荣华）

摊开放置于屋顶上，任其日晒雨淋，直到八月十五中午才收起来。此物具有驱寒、和胃、止咳之功效。

糖醋稚姜（摄影：韩荣华）

潮汕又有一句俗语叫“上钱橄榄落钱姜”，指的是生姜越老越不值钱。老姜虽然辣，却只能做配菜，稚姜辣气轻，直接可以当菜吃。潮菜泰斗钟成泉老师的作品《潮菜心解》就收录了一道“稚姜酱香鸭”。潮汕人常用稚姜来腌制杂咸，常见的有豆酱姜和糖醋姜。

稚姜切片，加盐去除涩汁，倒掉汤汁并挤干姜片，加一勺白糖和几勺普宁豆酱，拌匀装罐，密封后存放冰箱，第二天入味便可食用。吃起来爽脆清香，淡淡的辣气伴随着酱香，就着白粥相当“煞嘴”。

糖醋姜同样需要先切片加盐腌制，倒掉涩汁后再用清水冲淡，捞起挤干姜片的水分，再自然晾干，然后加白砂糖和白醋腌制，吃起来酸酸甜甜，清爽开胃，非常适合夏天吃。也有人不用白醋，而加咸梅、桃子和紫苏叶，多了份果香味和香草味。

咸究麻叶

麻叶就是黄麻的叶子。早在先秦时期《诗经》中的《陈风·东门之池》就有提及“麻”：

> 东门之池，可以沤麻。彼美淑姬，可与晤歌。
>
> 东门之池，可以沤纻。彼美淑姬，可与晤语。

大概意思是：东门附近的池塘可以用来沤黄麻，那位美女，可以和她一起见面唱歌。东门附近的池塘可以用来沤苎麻，那位美女，可以和她一起见面聊天。这里面的麻和苎，跟美女没有多大关系，纯粹用来起兴。

黄麻也好，苎麻也好，一直到20世纪下半叶，潮汕地区都有大量种植，主要用途是剥取麻皮制作麻绳、麻布等织品。取麻皮需要经过“沤麻”环节，“沤”潮音读如“凹”，意为长时间浸泡，潮汕话还有“沤肥”“沤臊汤（鱼露）”等说法。

沤过的麻骨，需要剥皮。麻皮的剥法马陈兵先生在《麻叶简史》一文中有详细的描述：

麻叶（摄影：陈斯鑫）

在板凳一头的中间钉一根铁钉，将麻秆一头的皮划破，挂在钉子上，用力将杆头揭起，就皮分骨落。

这个动作潮汕话叫“捋”（潮音“律”），过去老人骂奴仔常说“麻栓（酸）仔欠捋”。据澄海籍作家陈耀贤先生解释，这句话是指那些还未长大，有如竹栓、门闩一般大小的苦麻还没有可用之皮，未遭受捋皮之苦，不知好歹，简单地说就是找抽欠打。

黄麻叶本来并无甚用处，过去为了保证麻骨直立向上生长，时常还要掐掉横叶。《潮汕生物资源志略》称黄麻：“根、叶药用。清热解暑，凉肠止血，退热滑便，拔毒退肿。孕妇忌服。”由于其药用功能，乡人偶尔会摘去煠凉水。只有新长出的芽叶会有人采来食用，这点《潮州志》写得很清楚：

（黄麻）栽培于园圃，一年生草本，高达二至三公尺，叶互生长，卵型而尖，边缘有锯齿……茎之韧皮纤维供制绳及麻布之用，嫩叶称麻秧。

这里的“秧”潮音读“iên⁶”或“ion⁶”，指新长出的菜心嫩芽，潮汕俗语有“好鱼马鲛鲳，好亩（亩为方言，指老婆）苏六娘，好菜芥蓝秧”的说法，形容芥蓝秧（花苔）是菜中极品。这个“秧”字粤语写作“莛”，也有“菜莛”之说。

中国人种了几千年黄麻和苎麻，从来都不是为了食用，没想到却被潮汕人拿来当菜吃。据1930年杨睿聪编撰的《潮州的习俗》一书记载：

端午日，家家都要食凉粉粽。碱粿。和苎叶粿。

在潮州凤凰山，人们仍有用苎麻叶子加糯米粉做成苎叶粿的习俗。

咸究麻叶（摄影：韩荣华）

黄麻叶苦涩且多纤维，炒制前需要用咸菜汤或者盐水焯过，冷却后揉成团拧干，然后放炒锅里均匀摊开，开火煏干水分，这个步骤叫“咸究”，为用盐让其收缩逼出涩汁之意。

炒麻叶一定要多放油，因为麻叶是真正“大食油膀”，吃到肚子里是要刮油的。之所以近20年吃麻叶比过去流行，很大原因就是因为以前人穷吃不起那么多油膀。起油锅爆香蒜头，“咸究”过的麻叶下锅爆炒，加普宁豆酱调味，吃起来微苦甘香，柔韧有嚼劲，适合配白粥。尽管操作麻烦，却因味道口感独特而讨人喜爱，以至于成为珠三角潮州菜大排档的标配菜式。

塑料绳和人造纤维普及以后，织麻业逐渐式微，本地已经很少人再去剥麻皮，大概只剩揭西等地有少量种植，只是不再用于编绳子或织布，而是用于制作传统孝服。麻叶反而被当作蔬菜种植起来。

《潮州志》还附有一句农谚的解释：

“早麻五月节，迟麻六月八。”言五月节之后麻可收，至迟不过六月初八，惟麻愈老纤维愈佳。潮州农民收麻则多在六月。

即便是现今专门种来食用的甜麻叶也遵循这个规律，过了这个时节，麻叶就苦了。

脆瓜

潮汕地区常见的黄瓜有两种，一种青色有刺，瘦长弯曲，潮汕人叫“夏瓜”（又称“虾瓜”或“刺瓜”）；一种绿白色，肥圆粗直，相对光滑，潮汕人叫“吊瓜”。

夏瓜一般在过年前开始播种，过年后移植，上棚后很快就开花，大约清明前就可以采摘。开花后花蒂上就会长出小黄瓜，如果同一植株挂的小黄瓜太多的话，营养输送跟不上，长出来的黄瓜瘦小，品相不好，卖不出价钱。这时候农民就会提前把部分小黄瓜摘下来，以保证留下的黄瓜茁壮成长。

潮汕的吃法，夏瓜可炒、可煮、可凉拌，也可腌制。

小黄瓜，潮汕人俗称“夏瓜仔”（摄影：陈斯鑫）

民间做桌时常见到竹荪干贝汤，也会放几片夏瓜下去丰富口感。泡发好的干贝和竹荪煮沸后，加入食用油，放点瘦肉吊下鲜味，黄瓜切薄片下锅，焯熟调味即可，起锅前撒芹菜珠，装碗上桌，胡椒粉由客人自己酌量调配。黄瓜爽脆，汤水清鲜，是一款颇受欢迎的夏令汤菜。

杂咸中常见的咸瓜脯，其原材料就是夏瓜。夏瓜剖开去瓤，切条或切粒后用盐腌制，上面放压重物隔夜。倒掉汤汁之后装罐浸泡酱油，放少许白糖，根据个人口味加入蒜蓉、辣椒、芫荽碎，密封后存放冰箱，随取随吃，冰凉爽口，夏天配粥特别过瘾。

小黄瓜俗称“夏瓜仔”，由于是整条连皮腌制，又没有软烂的瓜瓤，腌制后尤其酥脆，咬起来嘎吱作响。为了区别于成熟夏瓜腌制成的咸瓜脯，腌制夏瓜仔有个专门的商品名叫“脆瓜”。由于口感更胜一筹，夏瓜仔的价钱可以卖到成熟夏瓜的两倍左右。

吊瓜的种植时间要比夏瓜迟一些，收成期在农历的六七月份，外地称为“秋黄瓜”。

吊瓜煮汤通常搭配肉丸、肉饼、鱼册、鱼皮饺之类的肉制品，或者搭配车白、花蚶、鲜虾等海鲜，又或者一肉一鲜，只要搁点冬菜就很对味。家常炒吊瓜片，只需去皮切薄片，放蒜蓉清炒就很好吃了。吊瓜炒虾仁也是传统的潮汕家庭菜式，照例要加点冬菜。潮菜一些高端菜式也会用到吊瓜，取其清甜爽脆，比如吊瓜煮斗鲳、吊瓜煮鳗鱼鳔，等等。

北方人喜欢生吃黄瓜，当水果似的整根拿着啃，还不削皮。这习惯在传统的潮汕人看来有些不可思议。一来食之无味，二来瓜果生于田野，即便未施农药，也难免不洁，易致疾病，故为一般潮汕人所不为。

然而潮汕人也有生吃黄瓜的，只是做法稍微讲究一些。比如吊瓜削皮后，剖开两半，挖空瓜瓤，然后在凹槽里面撒上白糖，当零食水果啃着吃。或者夏瓜切片后，加糖（白糖、乌糖皆可）、醋腌制，拌匀后即可食用，这种做法俗称“腌糖醋”。醋能杀菌，糖可增味，吃起来清凉爽脆、

咸瓜脯（摄影：韩荣华）

酸甜可口，比起直接生吃似乎是要高明许多。在物资匮乏的旧时代，夏瓜腌糖醋是一种夏日消暑佳品，过去有铺仔（方言，小店铺）当零食卖，用牙签串起，大概一分钱卖几片，而厚薄全在店家掌控，于是乎，刀工越好、切得越薄就越是能挣钱。

当然北方也有凉拌黄瓜和拍黄瓜等生腌做法，但更多作为餐前凉菜。潮汕的酒料店也有卖拍黄瓜的，通常加香油、蒜蓉、酱油、陈醋、辣椒、香菜等调料，再加入盐炒花生米拌匀下酒。高档的潮菜馆则会将拍好的黄瓜和花胶、鲍鱼等做成凉拌黄花片、凉拌鲍鱼片之类的餐前小菜。

甜瓜脯

读民国初年温廷敬先生选辑的《潮州诗萃》，发现晚清揭阳籍诗人曾习经有“飏下甜瓜栽苦瓠”的诗句。这里的“飏”字，当是抛弃、丢掉之意，整句话说的是丢掉好的不要，反而去追求差的。尽管原诗是读《谭友夏集》之后的诗评，但仍然可以从诗句看出，“甜瓜”至少要比“苦瓠”好吃许多，也说明潮汕地区种植甜瓜由来已久。

查阅嘉庆版《澄海县志》，果然有“甜瓜三四月生”的记录。潮汕人说的“甜瓜”，与今日作为水果的甜瓜不同，指的是葫芦科黄瓜属植物，又称“香瓜”或者“菜瓜”。

甜瓜个头比吊瓜更大，色偏白，瓜皮有线纹，种植过程无需搭棚，结了瓜任其躺于地上即可。听瓜农说，甜瓜大约在每年早稻收割前成熟。潮汕谚语说“夏至稻可试”，如此说来甜瓜成熟也就在夏至前后吧。

甜瓜酥脆多汁，微甘清香，可凉拌生吃，也可以和夏瓜、吊瓜一样用来煮汤，不过乡人更多拿来腌制甜瓜脯。

甜瓜的腌制要看天气，天气好的时候，白天晒晚上收，做法类似菜脯。每个甜瓜剖开两半，去瓤，由于水分多，要加重盐，大约100斤甜瓜

甜瓜与半成品甜瓜脯（摄影：陈斯鑫）

甜瓜脯（摄影：陈斯鑫）

放十七八斤盐，用重物压两天，让其脱水。两三天后甜瓜变得柔软，有瓜香味，就可以改淡装罐。

这样腌制出来的甜瓜脯非常咸，但可以长久保存。食用的时候用开水冲洗，改淡后切粒，浸泡普宁豆酱和生姜。也有人浸泡酱油，再加入生姜、辣椒等配料，甚至放花椒。

腌制好的甜瓜酥脆爽口，咬起来嘎吱作响，酱香中有清甜味，配糜相当“够力”。

在潮汕的民间歌谣里，人们用甜瓜和苦瓜来比喻新生活和旧生活：

甜瓜苦瓜唔同藤，生活唔比目唔明；
旧时苦瓜熬猪胆，当今甜瓜配鲜橙。
甜瓜苦瓜唔同根，生活唔比肚唔光；
旧时苦瓜熬猪胆，当今甜瓜落蜜糖。

在福建闽南地区，流传着一个故事。肖老汉夫妇养育了三个女儿，辛辛苦苦把她们都带到出嫁之后，两口子留在村子里过着清闲的日子。有一天，老太太想去大女儿家看看外孙，于是老两口便走路去到十几里外的大女儿家。恰巧这天是外孙娶媳妇的大喜之日，两公婆心想这下该有喜宴吃了，高兴得不得了。谁知道大女儿把他们俩拉到门后，低声说：“爹、娘，本来今天应该好好请你们吃一顿，可我实在忙不过来，要不你们先到二妹家去吧。”

肖老汉和老伴只好走去二女儿家，刚到村口远远就听到鞭炮声，原来今天也是二女儿乔迁新居的好日子，肖老汉夫妇心里掂量着，外孙的喜宴吃不上，二女儿乔迁之喜总得好好吃顿饭庆祝一下吧？结果二女儿也跟他们说自己要招待客人忙不过来，让他们到三女儿家里去，临走给了两个包子让他们路上吃。

两位老人无奈只好吃着包子垫肚子，走到三女儿家里。三女儿正在给儿子办满月酒，既要招呼客人又要照顾孩子，没法顾及两位老人，只好让他们到大姐家里去。这样白走了一天，老两口回到家里天已经黑了，又渴又饿又累。肖老汉就在自家门口的瓜地摘了一条菜瓜（甜瓜）吃。这菜瓜又解渴又解乏，吃完顿觉精气神恢复了过来，肖老汉于是感叹道："三个女儿不如一条菜瓜。"这句话后来就成了俗语，形容孩子生得多，不如教育得好，将来孝顺。

而甜瓜对人体的好处，早在《本草纲目》里面就有记载，甜瓜的瓜瓤有"止渴，除烦热，利小便"的功效。

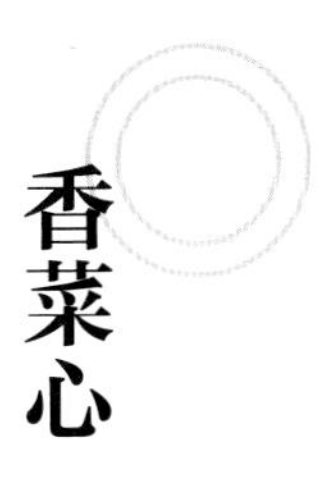

香菜心

香菜心俗称“芳菜骨”，顾名思义就是“芳菜”的茎骨。“芳”潮语读如“攀”，意思是香、芬芳。清代《樟林游火帝歌》有“茼莴芫荽六茄蒜，粉菜馨菜格兰花”的唱词，其中的“馨菜”应该就是指芳菜。问题是菊科莴苣属下面的诸多蔬菜，比如玻璃菜、铰刀菜、莴菜、鹅菜等，都被称为“芳菜”，且潮汕不同片区叫法各不相同，难以逐一辨别。

由于含有莴苣苦素，这些菜吃起来都有点苦。好处是因为苦，虫害比较少，种植过程使用农药较少。当然，由于变种较多，每一种菜的苦味和风味都不一样。

“玻璃菜”是“玻璃生菜”的简称，潮汕家常菜简单炒下蒜蓉、煮个丸子汤便可成菜，冬日吃火锅也经常焯玻璃菜，只要油放足，便滑嘴爽脆。广州人称为“生菜”，通常是油水烫熟，再淋酱油，加蒜酥。

林朝虹、林伦伦编著的《全本潮汕方言歌谣评注》收录了一首歌谣叫《芳菜》：

芳菜本饲鹅，饥荒饿到无奈何；地主挈去乞鹅食，农民爱食哩觅无。

香菜心，俗称“芳菜骨”（摄影：韩荣华）

其注解写道：“歌谣叙说的是饥荒年人连牲畜都不如的凄惨生活状况。”很明显这里的“芳菜”指的就是“鹅菜”。过去潮汕乡下许多家庭都会养殖狮头鹅，这种芳菜虽然可以食用，但是过于苦涩，难以入口，一般切碎了喂鹅，故而又称鹅菜。

常见的油麦菜叶尾较尖，也有人称“铰刀菜”，一般炒蒜蓉吃。20世纪90年代流行豆豉鲮鱼罐头，也不知谁发明的罐头鱼炒油麦菜，搭配相当经典，豉香鱼味和菜香味相得益彰。如果没有罐头鱼，炒蒜蓉和豆豉也是蛮好的。

与潮汕相邻的梅州，有种莴菜外形跟油麦菜相仿，味道却是苦的，当地客家人嗜食之，称为“苦麦菜”。有意思的是，到了甘肃、青海等西北地区，不知是否气候干燥的缘故，出产的油麦菜却是甜的，口感酥脆，非常好吃。

普宁一带有一种香麦菜，本地人又叫“芳莴菜”，叶尾圆形有如甜菜，香气浓烈，除了炒之外还用来煮汤，据当地人说，煮汤都不用放味精。

苦苣是西餐常见的蔬菜，常用于凉拌做沙拉。中餐也有用油麦菜来做凉拌菜的，通常是加香油、陈醋、芝麻酱。

具体到“芳菜骨”，指的就是酱腌的莴苣。莴苣可以茎、叶两吃。过去潮汕乡间偶见有将莴苣种植于门前空地的，隔段时间掰一次菜叶食用，最后等茎骨长到足够粗壮再整棵收割。

莴苣削去外皮，斜切成薄片，清炒蒜蓉吃就很美味了。时常也用来炒腊肉、炒木耳、炒肉片、炒香干，等等。莴苣片也常用来作为四川火锅、重庆烤鱼的配菜。

除此之外，潮汕人也用莴苣来腌制杂咸。腌制莴苣并非潮汕独有，早在清代的《随园食单》就有酱腌莴苣的介绍：

食莴苣有二法：新酱者，松脆可爱；或腌之为脯，切片食甚鲜。然必以淡为贵，咸则味恶矣。

现代工厂生产一般先将莴苣去皮，然后按照100斤莴苣放15斤盐的比例腌制一星期左右，排掉涩汁，捞起沥干后，再按100斤放10斤盐的比例继续腌制保存。装罐后进超市出售，商品名叫“香菜心”。

潮汕家庭“芳菜骨”的腌制法是去皮后切粒，盐腌后压重物，隔一夜倒去涩汁，用凉开水冲淡，沥干后再浸泡酱油，随各人喜好酌量加入蒜头、生姜、辣椒等配料。

香菜心吃起来“酥青芳、酥青芳”，咬起来爽脆作响，早餐配糜，相当煞嘴。

腌芹菜

空冇骨，缺（ki4）摄（ni4）叶，大人做，奴仔约唔着。

这则潮汕俗谜猜一种蔬菜，谜底就是“芹菜”。

相信不少潮汕人小时候都要学习辨别芫荽和芹菜这一课，因为潮州菜所用的土芹（黄心小芹菜）是比较常见的旱芹，通常以一拃长左右为宜，再长就要老稙，味转生硬。刚好个头跟芫荽差不多，加大了辨识难度。除了叶片锯齿和颜色深浅外，另一个显著不同的特征在于芫荽有粗壮的直根，而芹菜是须根系。所以过去农民种植芫荽时常用的方法是梅花间竹（即错落有致或者正反相间）植于蒜苗底下，利用更高的蒜叶遮阳挡雨，但芹菜不行，因为其侧根相连会把蒜苗网死。

小芹菜娇生惯养，尤其是热月，容易糜烂，不耐久藏，这时候芹菜就更为金贵，像极了从小富养的千金小姐。既怕日晒，又怕雨淋，稍有不慎，全军覆没，所以对于潮汕地区高温多雨的夏天来说，种芹菜是非常麻烦的事，既要盖薄膜防雨，又要盖遮光网防晒。而在没有遮光网的年代，农民只能用麦稿（方言，指麦秸）遮阳。一边将两根干竹枝相距四五十厘

腌西芹（摄影：韩荣华）

米平行并放，麦稿垂直摊开在竹枝上，再拿两根干竹枝叠在麦稿上，与底部的竹枝对齐夹紧，然后用草绳绑紧即成。菜畦要竖杆子，并且搭起架子，再把一片片麦稿铺在架子上。花如此大的工夫培养一个配菜，潮汕人对美味的刁钻苛求可见一斑。

在潮菜中，小芹菜极少用来当主菜，哪怕作为配菜用量也不多，却往往是巧妙的点睛之笔，可谓潮州菜中的最佳配角。无论家常菜还是宴席，芹菜应用都十分广泛，海鱼焠豆酱、贝类滚汤、鱿鱼干贝煮汤等都少不了芹菜，清淡、鲜甜，点到为止，却又不可或缺，颇能代表潮菜精神。

至于用法，或切芹菜珠，用于粿条汤、紫菜汤等，放碗底一冲即成，用于车白汤、蚝仔汤等滚汤类收锅提鲜；或切长段，主要搭配海鱼焠豆酱。说到芹菜的妙用，莫如传统名菜石榴鸡，以鸡肉、虾仁、冬笋等做馅，用鸭蛋清煎成薄饼包裹，然后芹菜梗氽水后撕成几丝，当绳子扎起来蒸熟，既得其用又得其味，可谓一举两得。

本地土芹菜也有人拿来腌制，芹菜切段，焯一下开水，放鱼露、蒜头朥、辣椒等腌制，香味浓烈。由于芹菜素有扩张血管、平稳降压的功效，本地有人专门买土芹菜来生腌，用于降血压。

杂咸铺更为常见的腌制芹菜用的是大芹，也就是西芹了。西芹植株壮硕，茎骨粗壮多汁，既可热炒，也可生腌。潮菜中西芹炒鱿鱼、西芹炒灌肠、西芹炒百合木耳等，时有见之。

西芹菜去叶，刨去茎骨上的丝，洗净切段，用粗盐腌制隔夜，倒掉涩水，沥干水分，再加姜丝、蒜片、辣椒、酱油、鱼露，拌匀后即可食用。吃起来香味浓烈，爽口多汁，开胃解腻。近年汕头有些私房菜把西芹切段后用泡椒腌制，西芹的香味变得内敛，泡椒的辣气由内到外，别有风味。

《列子·杨朱》记录了一个著名的故事：

昔人有美戎菽，甘枲茎、芹萍子者，对乡豪称之。乡豪取而尝之，蜇于口，惨于腹。众哂而怨之，其人大惭。

说有乡人自以为豌豆、苍耳、水芹等菜味道甘美，便向土豪推荐，谁知土豪吃后扎到嘴，还闹肚子，因而被人笑话，这便是成语“美芹之献”的出处，这里面的“芹”，指的是水芹菜。水芹菜在潮汕野外常见，却少有人食用。

芥蓝骨

潮汕芥蓝大概入秋开始播种，到中秋前便有人拔下部分芥蓝苗连根卖，这时候吃的主要是芥蓝叶。继而将余下的芥蓝苗移栽，一个多月后便可收割，此时九月秋凉，芥蓝真正当时。此后又可复种数次，也有留着芥蓝头只割笋（花苔）吃者。

芥蓝品种多，有吃叶的，有吃茎的，有吃花苔的，有白花，有黄花，有红脚种，有香菇种，大体以黄花为佳，以香菇种最为持久常见。

广府人常用芥蓝来白灼、啫煲，因为怕其苦涩，喜欢放姜片炒。潮汕人喜欢清炒，吃其原味，既是家常菜，也是店铺的大路菜，乡下食桌通常会搭配一道青菜，很多时候就是清炒芥蓝。芥蓝是公认的不好炒，潮汕人却等闲视之，这大概跟潮汕人掌握的烹饪技法有关。

首先是刀工，不同芥蓝有不同切法。稚嫩的芥蓝苗切掉根后整棵下锅即可，芥蓝茎有手指粗的需要撕去外皮，纵向剖开菜骨；稍微老植的或者大骨芥蓝则需要改刀，斜切成片；芥蓝笋则尽去茎叶，只取花苔一截。

其次是火候，这是炒好芥蓝的关键所在。由于芥蓝含水量低，火太大容易把菜叶烧得焦干，非但影响品相，而且味道苦涩；火太小变成熬煮，

腌芥蓝骨（摄影：韩荣华）

则失其酥脆。潮菜师傅的秘诀就是大火加水炒。

最后是调料，“厚朥猛火芳臊汤”是潮菜的“三板斧”，猪油和鱼露可以给芥蓝独特的香味加持。

炒得好的芥蓝青翠油亮，秀色可餐，吃起来甘香爽口，是少有的能吃出食材本身浓郁香味的蔬菜，难怪“特级校对”陈梦因称之为“碧玉珊瑚”。

潮菜中芥蓝也常和其他食材一同炒制，常见的搭配有鲽脯（大地鱼干）炒芥蓝、朥粕（猪油渣）炒芥蓝、沙茶牛肉炒芥蓝等，有时候也作为炒粿条或炒饭的配菜。

油锅烧热后先放鲽脯或朥粕爆香，后面的操作与清炒芥蓝相同，为的是取两者的浓郁香味与芥蓝互补，既保持酥脆的口感，又不至于寡淡。

牛肉炒芥蓝则需先将牛肉加沙茶、生粉和食用油腌制半小时。潮汕的菜市场，买牛肉时如果说明是用来炒的，卖家便会加点生粉和沙茶酱（或辣椒酱）在牛肉里面，回家后加点油拌匀即可。芥蓝清炒后装盘，沙茶牛肉快速炒熟之后连汁淋于其上即成，讲究些可在炒牛肉时放点红辣椒和芹菜段点缀增味，端上来香气四溢，吃起来口感滑嫩爽脆，青翠和红褐互相映衬，菜香和肉香相得益彰。

有一种叶极少而茎极粗壮者，我们叫“芥蓝骨”，家常吃法是去皮切片清炒，当然也有其他做法。炖鸡汤时上面有一层浮油，食之油腻，弃之可惜，可用碗舀起，和汆水后的芥蓝骨略煮（1分钟即可），吃透鸡油的芥蓝骨爽脆油润，能吃上瘾。切片的芥蓝骨焯水冷却后，敷上冰盘，蘸酱油芥末吃，极为清新爽口。

芥蓝骨也可以腌制成杂咸，先去皮后切成边长1厘米左右的方粒，用盐干腌，隔一夜后，倒去盐水，复用开水冲洗，沥干后加蒜头、辣椒、酱油、白糖等腌制。这时候还有一点臭青味，芥蓝入味，最好腌制24小时以上，待脱水后的芥蓝骨吸收酱汁恢复原形再吃，口感爽脆入味，配白糜“够力”。如果着急想马上吃，则可将酱油改为鱼露，增加点咸鲜味，就是传统“臊汤菜”的操作方法了。

同样的方法也适用于腌制芥蓝头（苤蓝）。

西瓜皮

而今说起西瓜，似乎跟潮汕没什么关系，但很少人知道的是，澄海曾经是“全国杂交一代西瓜制种中心基地”，澄海人培育的西瓜曾经给毛主席、周总理品尝过。

据《谢易初先生传》记载，1958年夏天，全国侨务委员会主任方方在澄海白沙农场品尝到谢易初先生培育的“澄育一号”西瓜后，赞不绝口，提出能否带一些到北京向周总理报喜。遗憾的是其时农场的西瓜已经售罄，也已经过季了。

这让谢易初萌发了培育反季节西瓜的灵感。他说干就干，于当年冬天就大获成功，收获的西瓜平均15公斤重，最大一个重达25公斤。刚好年底在北京举行“全国农业社会主义建设先进单位代表大会”，澄海国营白沙农场荣获“全国农业生产先进单位”，于是本地领导安排了3000斤冬熟西瓜随着曾树创等代表进京赴会，被送进了中南海。

1959年初，汕头地委传达了毛主席办公室给白沙农场的感谢电：“感谢澄海农场工人培育成功优质丰产大西瓜。”不久，农业部又专门打电话到白沙农场说：“感谢白沙农场，感谢谢易初老人，毛主席、周总理都尝

西瓜（摄影：韩荣华）

到了冬季西瓜，称赞你们的西瓜好。周总理还用冬季西瓜招待了外国驻华使节，他们都一致称好！”（《谢易初先生传》）

受此鼓舞，坝头、外砂、新溪等地纷纷种植西瓜。据《澄海市农业志》记载：

西瓜是澄海最大宗果用瓜类作物，主产区分布于东南沿海沙质旱园地带……1977年起，广东口岸出口新澄杂交西瓜大显创汇优势，澄海遂之成为省内西瓜出口生产主要基地……1983年种植面积8159亩，总产7718.7吨，面积和总产创历史最高记录。1982年新澄杂交西瓜获中南各省西瓜品种区域试验评比第一名后，陆续有28个省市争相引种推广，澄海又成为全

腌西瓜皮（摄影：陈斯鑫）

国杂交一代西瓜制种中心基地。……随着西瓜生产在我国中、东部地区普遍发展和新澄杂交一代西瓜制种供种中心向安徽合肥市转移，澄海逐渐失去原产地优势，生产规模逐年缩小。

1995年以后，澄海不再量产西瓜。至今坝头、外砂等地仍有少量种植。

有句潮语顺口溜说："西瓜畏龅牙，猪屎畏粪耙；新妇畏大家，弟子畏先生。"意思是西瓜最怕龅牙的人，因为他们啃得快。过去农村散养猪随地拉撒，由于猪粪可以用于农田当肥料，刚一拉下就被人拿猪屎耙铲去积肥。"新妇"指儿媳妇，"大家"则指家婆，儿媳妇怕家婆，似乎是放之四海而皆准的。旧时私塾先生手执藤条，学生不听话或者学不会就要挨打，因而弟子总是怕先生的。

潮汕人吃西瓜，喜欢抹盐花，究其理论，一来更能反衬西瓜的甜，二来西瓜糖分高，吃了容易上火，抹点盐可以中和一下。在本地老辈人看来，同样在澄海坝头镇，北港的西瓜要比柴井的甜一些，原因是北港离海更近，土壤盐度更高。

电冰箱普及之前，人们在夏天吃西瓜喜欢先将其整个浸泡在井水里面，吃起来更加凉爽。过去六月收冬时，天气炎热，稻田里曝晒很容易流汗失水，农民喜欢带上一两个西瓜，浸泡在水沟里，休息的时候便用镰刀切开吃，由于西瓜糖分高，既能解渴，又可以补充能量。

西瓜吃完了，西瓜皮也不浪费，用刨刀刨去表层皮，削去红色的瓜肉，切粒，加盐略微腌制，倒掉盐水之后，脱盐晾干，加入普宁豆酱拌匀装罐。腌西瓜皮吃起来清甜多汁，酱香咸鲜，还有桃子般的果香味，口感硬而爽脆，也是配粥佳品。

菜花头

花椰菜，潮汕俗称“花菜”“菜花”，由于叶如芥蓝，也有人称为“芥蓝花”。

这种原产于地中海沿岸的蔬菜现今在很多国家都有种植。1918年出版的《上海县续志》称其为“欧洲种，光绪八年（1882）试植于浦东”。

潮汕地区菜花的引进和培育离不开一个人——谢易初。据薛增一先生的《谢易初先生传》一书介绍，1936年，谢易初从印度引种到泰国正大庄农场栽种、培育，1946年，他又从泰国引进到澄海自己的农场。1952年，谢易初把这个品种献给澄海农场，并在此基础上培育了早熟花椰菜6号和11号。1953年，谢易初又用丹麦的花椰菜品种与澄海本地高脚花椰菜杂交，培育出来的花椰菜花球又大又白，被称为“狮头种”。1954年，他又把本地的土种花椰菜改良为花大而结实的“大冇种”，且大大缩短了种植周期。其培育的花椰菜单个重量纪录为9公斤。

潮汕的花菜通常在秋天种植，冬春收获，成长周期要两到三个月。

菜花通常拿来炒，材质有密实的，也有松脆的，炒前可焯水，也可不焯水，视材质和个人习惯而定。菜花直接用蒜蓉清炒就很好吃，也可撒

花椰菜，潮汕人称为“菜花”或“芥蓝花”（摄影：韩荣华）

菜花头可用来腌制“膘汤菜”（摄影：韩荣华）

一包沙茶末增香，甚至出锅时撒芫荽段。花菜也可以和五花肉同炒，五花肉煸出油再炒花菜，切一个番茄和几段蒜苗同炒。喜欢吃酥脆的调味后即可出锅；喜欢吃软烂一点的可以装入砂锅，加入开水，小火慢煮做成菜花煲。

改革开放落实华侨政策之后，中国迎来一波华侨归国潮。潮汕某村一位农民家里来了华侨，拖家带口一下子来了十来口人。本来是喜事，因为当时国外生活较为富裕，华侨来到往往会给唐山（代指中国）的亲人送钱送礼。然而按照例俗，主人家要安排“落马”仪式，设宴接风招待华侨，奈何主人囊中羞涩，突如其来的十来张嘴一下子成为负担，刚好菜园子里的花椰菜成熟，只好炒了一大鼎菜花来请客。其时国外蔬菜价格较贵，华侨带来一个“番仔”，吃得十分开心，吃完不忘夸赞：“××叔家里好有钱！有那么多花菜吃！”虽是童言无忌，却也被传为笑谈。

花菜用来打火锅也不错，但不能久煮，趁其断生青翠时夹起，口感十分爽脆，久煮则糜烂而带酸。

现今菜市场的花菜有多个品种，颜色有白色、黄色、绿色、紫色等，形状有半球形、椭圆形，还有宝塔菜花和西蓝花等变种。宝塔菜花经常用于西餐厅和私房菜的摆盘。西蓝花家庭做菜一般用来炒鱿鱼、炒腊肉，做桌（潮汕人称办筵席为“做桌”）师傅焖鲍鱼也喜欢用西蓝花来围边摆盘。

关于菜花的腌制，蔡澜先生曾在《椰菜花》一文提到：

椰菜花泡咸菜只是浸在醋和盐水之中，无多大学问。有些是煮熟再浸，有些就那么浸，前者较软，后者较硬的分别而已，都不是太好吃的东西。

鱼露腌菜花头（摄影：韩荣华）

潮汕少见整棵菜花拿来腌制的，一般是拿炒菜花剩下的菜花头来腌制。由于菜花是不规则形，切的时候整个倒放过来，刀从底部以主干为圆点，把旁枝一个个切断，再把切出的各瓣剖开，改刀到大小相当。最后会剩下一段直径三四厘米粗、高五六厘米的菜花头。勤俭持家的潮汕主妇也不浪费，将菜花头切掉外皮和底部老植部分，中间的芯骨切粒后，浸泡鱼露就可以当杂咸配糜了，口感爽脆，是最为简易的“臊汤菜”。

盐炒花生

“地豆酒，老朋友”，真是放之四海而皆准的搭配。坐在北京后海的户外酒吧，常常会有挎着布袋的大妈过来问：“花生毛豆要么？”华东的餐馆，习惯上菜前先来一碟糖醋花生或者酒糟花生。在南方的大排档，则多数是盐炒花生或是盐水花生。这也说明花生粗生贱养，在全国各地广泛种植。

潮汕地区种植花生由来已久，而且规模还不小。明朝天启年间，礼部尚书黄锦是饶平人，他写的《黄冈竹枝词四首》便是凭证，其三曰：

> 黄鱼紫蟹错登筵，丹柿红柑颗一钱。
>
> 收却落花涂豆子，不劳东作向春田。

大概意思是说瓮城生活有鱼有蟹，有柿有柑，又有落花生，大可不用种田了。这当然只是文人士子一厢情愿的美好想象，事实并非如此，勤劳的潮汕先民既种花生也种田，花生与水稻一样一年两季，生长周期稍晚于水稻，刚好可以连续作业，布田（方言说法，指插秧后）种花生，割稻后收花生。

盐炒花生（摄影：韩荣华）

关于“落花涂豆子”，黄锦自注曰：“豆名落花生，土人多业此，又呼为涂豆。”“花生花生，花落而生”，黄色花朵穿插在绿色的叶子里，煞是好看，花落之后，子房迅速生长，并在顶端形成果针，连柄扎入土中（俗称“抛碇”），再慢慢生出豆子来，故而有“落花生”的雅名。我更喜欢家乡的叫法，“地豆地豆”，豆就长在地里，用生命诠释什么叫接地气，叫起来亲切熟悉。

“土人多业此”一句，说明当时潮汕花生已广泛种植。后来的文献也佐证了这一说法，据《澄海县志》记载，1935—1985年，50年间澄海花生种植面积从7500亩上升到90870亩，其中1979年澄海被定为广东省花生生产基地，种植面积更是达到11.37万亩，约为同期水稻种植面积的三分之一。

地豆荚洗净，一大锅一大锅熻熟晒干，再找个干燥的地方贮藏起来慢慢食用，以前乡村的小孩喜欢塞一把在裤兜里当零食。印象比较深的吃法有几种，炉灶熄火后，抓一把地豆荚塞进灶肚发红的草木灰里面，待灰烬完全熄灭后再掊出来吃；或是发贝灰时埋进去，发好之后地豆也差不多熟了；甚至野外偷摘地豆，砌好土窑用焗番薯的方法来焗。刚刚熻熟尚未晾晒的花生，保留水润又带有点油香，吃起来尤其美味。

地豆荚有单仁也有双仁，有则潮汕儿童谜语，谜面为“一条巷仔狭狭，二个奴仔啰相夹”（意思是一条窄窄的小巷子里，两个小孩在相挤），猜一种食物，谜底都是“地豆”。而潮汕俗语形容一个人倒霉会说“种地豆独粒仁，种大菜生姑蝇”。

花生也用来炣香饭，包括做粿的馅料糯米饭，做法是将花生米放炒锅里炒熟，再用擀面杖碾压去膜，然后把地豆瓣和虾米、香菇等其他配料炒香，最后和米饭拌炒即成。如果是甜馅料，还需将地豆瓣用石臼捶碎，再和瓜丁、油麻拌匀。

潮汕人还用花生和蔗糖，制作出豆方、豆贡、南糖、束砂等各种各样的花生糖。

杂咸铺常见的盐炒花生（炸豆仁），其实在家里也可以自己制作。煮一锅蟹目水，倒入花生米，滚一滚然后捞起，控干水分，煮一锅中温油，以筷子插进去起泡为度，倒入花生米，水汽蒸发后，关小火浸炸15分钟左右，捞起后撒盐，冷却后即可食用。当然也可以加腐乳做成南乳花生。

“地豆酒，老朋友”，干等无聊，干喝伤身，花生米既能打牙祭又不顶饱，适合三五朋友，两盅小酒，慢慢嚼，慢慢聊。

盐煮乌豆

乌豆乌琛琛，乌豆开花嘴相唚；
莲蓬开花掩池水，蜡烛开花朝观音。
乌豆乌靴靴，乌豆开花叶相遮；
莲蓬开花掩池水，蜡烛开花朝阿爹。

《全本潮汕方言歌谣评注》收录的这首《乌豆歌》，写得浪漫抒情，充满着诗情画意，我们不清楚歌谣最初的意旨，但用乌豆起兴，说明潮汕早已有乌豆这种作物。

乌豆的中文学名是黑豆，是大豆的一个品种。潮汕地区曾经流行在花生地里套种玉米和乌豆，因为植株高低不同，彼此影响不大，因而潮汕人对乌豆并不陌生，不管是日常饮食，还是文化生活，都会见到乌豆的影子。

日常应用当中，乌豆通常用来煮盐水作杂咸，或者用来炖汤。

乌豆洗净后整锅加水熻熟，水快煮干的时候放盐，盐溶化了便可熄火，整锅端起抖匀或拌匀，冷却后，乌豆中的盐分重新结晶，呈现反砂的

盐水乌豆（摄影：韩荣华）

效果，乌黑的豆子上面蒙上一层白色的盐粉。火候控制以水干皮皱、微有裂痕为好。

盐水乌豆吃起来樸芳坚韧，咸香而有嚼劲，配白粥吃，容易吃上瘾，一粒接一粒停不下来。以前人穷物资少，许多家庭都勤俭节约，家里孩子多的甚至要分配好每顿饭一人只能吃几粒乌豆。张新民先生就曾在《咸鱼配饭真正芳》一文中提到：

我爷爷持家极俭省，连盐水乌豆都要装落竹筒防止家人多搛多食，家里偶尔吃上一顿咸鱼干饭，那已经叫作好食！

乌豆常用来炖猪尾，潮汕人崇尚药膳，讲究以形补形，猪尾其实就是脊椎骨的延伸。潮菜叶飞师傅就曾在其视频号分享过一道“猪尾猪腰汤”，和猪骨、猪腰同炖的主要配料就是乌豆，其他也有杜仲、巴戟等药材。叶飞师傅开玩笑说：“猪尾猪腰汤，食了腰和肾呑酸。”

文化生活方面，除了前面提及的歌谣，在潮剧、谜语当中也可以找到乌豆的踪迹。

潮剧《金花牧羊》中有个生动的情节：

驿丞老爹到南山办案，走到脚酸肚困，嘴巴“白饕呕”（过于寡淡以至于想干呕），见到地上遗落的黑色颗粒，以为是谁撒落的盐水乌豆，顿时两眼发光，说道：“乌豆，必必！（“必”为同音替字，潮语称物体有裂痕说“必”）熻熟个！”随即捡起来放嘴里一尝，才知道是羊粪，又再“呸呸呸”地吐出来。动作表情相当滑稽，常常惹得台下的老婶老姆大笑不已。

无独有偶，潮汕俗谜“一个罐仔园乌豆，头行头漏”（意思是一个罐子里面藏着许多黑豆，一边走一边漏），猜一动物，谜底为“羊”。“园”潮音读如“劝”，是“藏”的意思。这则谜语抓住“羊遗粪”的形象来制谜，也反映出乌豆和羊粪在个体大小和颜色上的相似之处。

另一则潮汕俗谜“个物乌律乌律，去到灶脚跌折腰脊骨”，猜一植物，谜底就是“乌豆”。这里的“律”潮汕话应该读第四声，“乌律乌律”形容乌豆黑乎乎圆滚滚的样子，“跌折腰脊骨”指的是切好的猪脊骨，因为乌豆经常和猪龙骨一起炖“乌豆龙骨汤”。

澄海的程洋岗村是一个妇科中医历史名村。有一张写着“程洋岗卫生馆蔡承衍造”的早年油印老药方，上面印有“岐黄流芳”字样及“驰名至宝宁坤丹”的广告，中间罗列各种妇科疾病和对应的药方，最后还附上一句“宜服：乌豆、贡菜、鲜鱼渗淡盐。”可见乌豆是温和之物，即便病中、孕期，同样是“宜服”。查阅《本草纲目·谷部·大豆》“气味”条目，果然写着：

黑大豆：甘、平、无毒。

甜究黄豆

潮汕杂咸不仅有咸味小菜，还有甜的，比如“甜究黄豆”。甜究黄豆所用到的原材料是大豆，古代称为“菽”，是传统的五谷之一。

现今潮汕地区所用的大豆多数从东北运输过来，过去潮汕本土也曾种植大豆，品种有黄豆、乌豆，还有半黄半黑的“高山种”。

黄豆在尚未完全成熟时收取，掰开来豆子还是绿色的，清甜稚嫩，由于豆荚毛茸茸的，称为“毛豆”。华东、华北一带，喜欢用毛豆荚煮盐水，作为餐前冷盘、下酒小菜或休闲食品。潮汕人则喜欢剥开青绿色的豆仁，用来炖猪骨汤，搭配几片冬菜、几条芫荽，喝起来就是浓浓的潮汕味。

成熟的黄豆从田间收取后，整棵晒干，再行脱粒，干燥之后可以保存许久。

黄豆最简单的吃法是像煮盐水乌豆一样，煮熟加盐收汁就好，大概做出来不如乌豆好吃，因而不成气候。黄豆用来炖汤，可以炖猪脚、炖猪尾、炖排骨，等等。最常见的应该是黄豆苦瓜排骨汤，黄豆提前一小时泡发好沥干，排骨焯水后洗净，和黄豆一起下锅，加水煮开后小火炖约1小时，苦瓜切块后加入，继续煮约20分钟，加盐和味精调味，就是一道滋味绝妙的夏日解暑汤。

过去乡村奴仔（小孩）没那么多玩具和零食，夏天到了就爬树上捉知了玩，等玩够了，知了也差不多死了，这时候把知了的腹部掏空，洗干净后塞几粒黄豆进去，放灶火里面煏烤，俗称“煏哖嗄”。类似的玩法和吃法张新民老师在《蝉味》一文有过描述，只是他用的是乌豆。

黄豆更多地应用在豆浆、豆花、豆腐、豆干、豆皮、腐竹等豆制品上，这是放之四海而皆准的。潮汕地区的豆制品以普宁地区最为出名，而且不独普宁豆干，黄豆还用来酿造普宁豆酱和酱油，应用就多了去了。

有意思的是，潮汕人喜欢用“豆干”（水豆腐）淋普宁豆酱配糜，这种“豆+豆”的搭配鲜甜滑嫩，清凉软烂，尤其是当粥太烫的时候，“豆干”拌入粥里可以迅速降温提鲜，很快就可以吃完一碗白粥。

此外，一些品种不是太好的黄豆也用来做饲料，或者做“豆枯”，沤成肥料。

潮汕俗话说“凉茄消风豆，冬瓜蕹菜热过火”，这是爱开玩笑的潮汕人故意说的反话，反过来也说明潮汕人认为茄子是热性的食物，豆子容易生风，冬瓜、蕹菜都是寒性。由于吃后容易生风放屁，黄豆作为蔬菜并不是很受欢迎。

哈洛德·马基的《食物与厨艺》一书解释了豆类引发肠胃积气问题的起因。所有人的肠道都会产生混合气体，每天约达1升，这是寄居在我们肠道中的菌群生长、代谢的产物。许多荚果（特别是大豆、白豆和莱豆）吃下之后的几小时，细菌的活动和产气数量都会急速增加。这是由于豆子富含很难消化的碳水化合物，人类的消化酶无法把它转化为可以吸收的糖类，于是这类碳水化合物就会完整地从前段肠道直接进入后段肠道，由常

甜究黄豆（摄影：韩荣华）

居我们肠道的菌群接手处理。针对这个问题，书中给出的解决之道则是“浸泡、长时间烹煮”。

潮汕“甜究黄豆”的做法刚好就是先浸泡，再长时间烹煮。黄豆先提前浸泡隔夜，沥干后另加清水焖煮30分钟左右，最后加糖煮至收汁。甜究黄豆外观橘黄明艳、油光亮泽，在诸多咸味杂咸当中，算得上是“最靓的仔”。口感胶黏软糯，味道香醇甘甜，也是杂咸当中的一股清流。

杨桃豉

听澄海一位妈妈讲述过一个真实故事，她儿子还在上幼儿园的时候，有一天回家跟她说：“妈妈，我想吃‘五角星’。”妈妈一听懵了。什么是“五角星”呢？还可以吃？一打听才知道，原来幼儿园的阿姨把杨桃横切成五角星状给他们吃，小朋友不知道这种水果叫什么，就叫它“五角星”。

杨桃是广东常见的水果，亦写作“阳桃”或“洋桃”。早在清朝初期的《广东新语》就有记载：

羊桃，其种自大洋来，一日洋桃。树高五六丈，大者数围，花红色。一蒂数子，七八月间熟，色如蜡，一名三敛子，亦曰山敛。

潮汕人把杨桃分为酸和甜两种，通常直接用作水果的是甜杨桃。甜杨桃于秋冬成熟，根据成熟度不同，口感或爽脆或软滑，味道酸甜多汁，果香味浓郁，吃起来生津润喉，利咽清肺。

酸杨桃咬起来让人眉皱牙酸，通常需要加工后再食用。最简单的做法是削去苦涩的棱边，切片后撒白糖吃。或是加甘草汁和南姜、梅膏做成甘草水果。

俗话说“潮州厝，皇宫起”。以精美的石雕闻名的潮州从熙公祠，流传着“一条牛索激死三个师傅”的故事。其门前一个“士农工商”的石雕，其中有一个局部是牛背上的牧童手执牛索，牛索大约只有牙签粗细，由于石头坚硬，雕刻的牛索过于细小容易断裂，前后有三位师傅尝试过都失败了，第四位师傅灵机一动，把整块石头放到池塘里浸泡，又把石头上面用来雕牛索的位置涂上酸杨桃汁，使其软化，最终才雕出这条经典的牛索。酸杨桃酸性的强度可见一斑。

至于“杨桃豉”的“豉”字，潮音读“示”，在口语中其实是个常用字，比如豉油、豆豉、黄皮豉等，但时常还是会见到诸如“黄皮鼓”这样令人哭笑不得的写法。潮汕本地所用的豆豉，习惯加上南姜和盐，称为“香豉”。陈四文和王敏合作过一段经典的潮语相声《潮汕何处不风流》，其中就有“天对地，鸡屎对‘蜡吏’……胡蝇对香豉”的台词。

之所以称为“杨桃豉”，而不说“杨桃干”，主要是因为制作过程用到类似豆豉的做法，即先蒸熟或煮熟，再晒干。蔡澜在《杨桃》一文称：

> 酸杨桃是做蜜饯的主要材料，盐渍和糖腌皆行，或晒成干，也做罐头和果酱。

潮汕常见的杨桃豉是甜的，做法是将杨桃洗净，切掉头尾，削去棱边，剖开去籽，用粗盐腌制两到三个小时，倒掉盐水，清水漂洗后沥干，入锅煮出汤汁后，加入适量白糖一起熬煮。煮熟后摊开，晾晒至黄褐色即可食用。酸甜可口，可作零食茶配，或者配粥的杂咸。

杨桃豉（摄影：韩荣华）

酸杨桃也用来咸腌。揭西的咸水杨桃可直接食用，当地用来“食凉”降火。在汕头的达濠、潮阳等地也有腌制咸杨桃的习惯，咳嗽了拿咸杨桃泡开水喝，也有人家用来煮鱼。

酸杨桃可以用来煮鲫鱼汤。鲫鱼煎至两面金黄，放点姜丝，加入开水没过鱼身，再放入酸杨桃同煮，最后放点盐和味精调味即可。煮出来汤水乳白，喝起来鲜酸开胃，果香浓郁。

潮州鱼生的传统配菜必须有酸杨桃。但由于太酸遭人嫌弃，酸杨桃长时间没有人种植，且原有的也被砍掉，导致原本常见的酸杨桃反而不好找了，于是有些鱼生店不再把酸杨桃当作默认配菜，要见到熟客，或者等客人主动询问才会给。

著名美食家蔡澜先生就曾经吐槽过曼谷的光明酒楼，虽然做的潮州鱼生特别地道，但是杨桃不够酸。老板跟他解释说:“没办法，泰国这种地方，种出来的水果，都是甜的！”

杨梅苦瓜

杨梅风味独特，酸甜多汁，生津开胃，直接生吃已经让人欲罢不能。不过杨梅没有果皮，不便施药，易生果虫，吃前最好用饱和盐水浸泡杀虫。杨梅肉厚核小，潮汕更有酥核品种，故而以前偷摘杨梅者为了消灭证据，连核都吞下去也无妨，只是杨梅核不好消化，隔日恐怕就要“see you tomorrow”（英文，意为“明天见”，此处指吃连核杨梅导致第二天拉杨梅核）了。

在潮汕，关于杨梅有不少花样吃法，生吃、熟吃，咸味、甜味，入菜、浸酒皆有。生吃一定要新鲜，因为过去没有冰箱，杨梅隔夜就臭酸。但凡需要熬煮熟吃的，则选八九成熟的果子就好，避免太熟煮后糜烂。

潮谚有云：“三四月卖杨梅，五六月爃草粿。”潮汕地区气候炎热，杨梅成熟时间比江南要早一个月。

以前卖青果的铺仔，去买杨梅时也会帮忙加工，浸盐水后用梅膏酱、白糖、南姜麸等腌制，风味更佳。

而“杨梅揾豉油”的吃法更是让外地朋友难以接受，不管“一粒杨梅三斗火”的说法有没有科学依据，反正潮汕人是吃上瘾了。

杨梅也用来做蜜饯，既可做成咸味的，也可做成甜味。咸杨梅加盐和少量糖腌制，可直接食用，也可冲水喝，由于果形像个球形刷子，传统潮汕人认为有荡涤肠胃之功效。以前潮汕乡村卫生条件差，乡人又多赤脚或着拖鞋，容易生“鸭屎痨”（一种皮肤病），只需用咸杨梅涂抹患处即好。

甜味蜜饯既可做杨梅酱，也可做成杨梅干。杨梅酱只需杨梅和糖熬煮，无需放水，杨梅先煸出水分后加糖小火熬至收汁即可。杨梅干做法与杨梅酱相似，熬的过程要去掉水分再反复煮，最后没什么汁水再摊凉晾干，现在有条件也可用微波炉或者烤箱烘干，吃的时候再撒上一层白糖。旧时常见杂货铺的玻璃罐里装满杨梅干，人们购买的时候老板便从玻璃罐

杨梅苦瓜（摄影：韩荣华）

里舀一勺放进纸筒里，接过手便吃得津津有味。

最让人觉得匪夷所思的，莫过于杨梅苦瓜了。一酸一苦，难以想象这个看上去不合食理的组合，在糖和火的作用下，竟然能变化出神奇的美味，第一个想出这种做法的人简直就是天才。做法完全是开放式的，配比没有严格的要求，喜欢吃杨梅就多放杨梅，喜欢吃苦瓜就多放苦瓜，喜欢吃甜就多放糖。用两斤杨梅、两斤苦瓜、一斤冰糖，如果熬出来感觉偏甜，怕太甜的酌量少放糖就是。

杨梅先浸泡盐水杀虫，再洗净晾干，苦瓜切块，煮法也很傻瓜，全部材料加进去煮开，再小火熬至收汁即可。讲究些的话也可以拆分下步骤，干锅放杨梅中火煮约15分钟，煮出汤汁后放苦瓜和冰糖拌匀，煮开后改小火熬至收汁（最好不完全收干，留些汤汁以免过硬），如果放蜂蜜则在收汁后加入。全程不放一滴水，每隔十来分钟要轻轻翻炒，防止粘锅。熬出来的成品面目全非，呈紫黑色，形象可怖，称为“暗黑料理”丝毫不为过。然而味道却是出乎意料的美妙，杨梅酸味尽去，却保留果香风味，果肉变得有弹性有嚼头。苦瓜更是脱胎换骨，煮出来“阿妈都不认得”，没有半点苦味不说，口感更是完全颠覆了心理预期，变得胶黏软糯，极富韧性。

杨梅苦瓜先前流行于潮汕局部地区，当杂咸配粥吃，近年又开始走红。潮州名厨方树光就曾用杨梅苦瓜宴客，直接把外地宾客给镇住了。这道小吃食材常见，做法简单，感兴趣的朋友不妨一试。

糖醋六藠

这两年澄海樟林恢复了“游火帝”活动，不但请来了英歌舞、蜈蚣舞，还恢复了本地特色的“灯橱”，一下子把整个樟林古港激活了起来。据《潮汕民俗大典》记载：

藠头，潮汕人称为“六藠”
（摄影：韩荣华）

澄海樟林每年农历二月的花灯盛会，其规模之大、内容之丰、时间之长堪称一绝。自清乾隆年间开始，花灯盛会即以“游火帝”的形式开始，为期半月，盛极一时。

早在清末光绪年间，署名“清闲”的作者就编写了长达5000多字的《樟林游火帝歌》来描绘游神盛况，其中一段唱词提到了清代樟林菜市场的各种蔬菜：

早时到市菜共羹，菠菱芹菜黄豆生，
大菜白菜荷兰豆，冬瓜秋瓜共番瓜。
茼莴芫荽六茄蒜，粉菜馨菜格兰花，
真珠蕞菜菜仔棕，菜头番茄吊瓜葱，
青茄白茄甲粉豆，苋菜应菜斗大丛。
芋头芋卵芋枝仔，番葛多种价不同。

这些蔬菜基本至今仍在食用，不少菜名用了同音字和方言字，其中的“六茄”（此处潮音“茄”读第6声），本作“辣藠”，由于潮语中“辣”与“六”读音接近，后来就讹读为“六藠”了，亦写为“六荞”，指的就是藠头。饶平地区有首《黄冈特产歌》，其中就有“成丰黄皮好六藠”之句。

六藠状如葱而头大且白，同时多枚聚生，却不像蒜头紧密抱团。单独一根看上去像个白色的大头带着一条绿色长辫子，有首潮汕歌谣就借六藠这个特征来揶揄人：

糖醋六藠（摄影：陈斯鑫）

一个娘囝真正贤，打个龟髻六藠头；
行路又如阿冻姐，颠颠冻冻跋落沟。
一个娘囝真正奇，打个龟髻六藠枝；
行路又如阿冻姐，颠颠冻冻跋落池。

此处“贤”潮音读“ghao[5]”，原字写为“䓅”，潮汕话中表示聪明能干之意。歌谣中取其反意，讽刺一位爱美的姿娘（女子），梳了个与众不同的发型，头大尾尖高高耸起犹如六藠一般，最终头重脚轻摔了一跤。

在古代，六藠称为“薤”，是古人常见的蔬菜。《礼记·内则》有“脂用葱，膏用薤”的记载。佛家以葱、蒜、韭、薤、兴渠为“五荤”。《楞严经》认为：“是五种辛，熟食发淫，生啖增恚。”故而持素修行者是不吃藠头的。然而不知是素食流派不同，还是区域理解的差异，潮汕却有人把它腌制后当作“斋菜”来吃。

关于藠头的吃法，蔡澜先生在其著作中描述道：

新鲜的藠，可以就那么拔出来，把茎部和根部都切成丝来炒猪肉，是一道很受乡下人欢迎的菜式，通常的调味是除了盐或酱油之外，还下一点糖，就很好吃。

潮人用六藠来炒五花肉、炒咸肉、炒灌肠，等等。也可以如葱、韭一般用来炒面、炒米粉。六藠的精华全在头部，有意思的是潮阳人将其叶切碎，撒于红薯条上，下油锅煎炸成红薯烙，用来拜天公。剩下的藠头，刚好可以用来腌制。

潮汕杂咸当中，六藠可用来泡酱油，也可用来腌糖醋，以糖醋六藠为主流。藠头先用盐略微腌制后，去除辣汁，再加白糖和白醋浸泡。腌制好的糖醋藠头白如玉石，嚼之嘎吱作响，爽脆无渣，味道清甜微辣，带点淡淡的酸，配白粥吃非常开胃。宴席上摆上一碟糖醋藠头，酒肉吃多后夹上一粒，颇能醒酒解腻。

同样的方法也有人用于腌制糖蒜，蒜头要比六藠大许多，潮汕有句俗语叫“食六藠吐蒜”，意思是吃进去的少，吐出来的多，形容因小失大，得不偿失。

南姜油甘

油甘入口酸、苦、涩，过后却是强劲的回甘，且在口腔喉咙持久不散，故而不难理解其原名“余甘子”。潮汕话叫“油甘”，大概率是“余甘”一词在流传中的音讹，至于网络上广泛出现的“油柑”写法，则是近年因为某个广告误导才流行起来的。因为余甘子是大戟科叶下珠属乔木，跟芸香科柑橘属没有半毛钱关系。

不少潮汕人都喜欢吃油甘，外地人却忍受不了从苦到甘这个“让子弹飞”的过程，往往咬了第一口就吐出来，以为苦涩难堪。拍摄过《舌尖上的中国》《风味人间》《我的美食向导》的陈晓卿导演，对潮汕美食的宣传居功至伟。因近年来经常到潮汕地区调研拍摄，对潮汕美食已经非常熟悉，陈晓卿老师早已接受橄榄的味道，对油甘却依然敬而远之。

为了解决这个问题，潮汕人想出很多办法来改变油甘的味道，比如蜜饯油甘、反砂油甘、甘草油甘等。不过，地道的本地人还是喜欢直接生吃。

潮汕民谚有“三四桃李柰，七八油甘柿”的说法，农历七月八月，是油甘的季节。这时候许多潮汕主妇就会买油甘回家，供家人茶余饭后生吃，生津解腻。在揭阳、普宁一带，八月中秋有用油甘祭拜月娘的习俗。一些心灵手巧的新妇们还会将带枝叶的油甘串编成孔雀形状，用于拜月。

由于油甘有生津止渴、利咽润肺的功能，秋冬时节，潮汕家庭时常会

油甘，原名“余甘子”（摄影：韩荣华）

用油甘来炖汤。常见的如油甘炖粉肠、油甘炖猪天梯、油甘炖猪肺、油甘炖鹅喉、油甘炖象肚、油甘炖角螺，等等。做法也不难，油甘拍裂后和对应的食材一起炖即可，炖好撒点盐，出锅前撒点芹菜或芫荽，喝起来甘润清香。

用来做杂咸最常见的是南姜油甘。油甘用盐水加苏打粉清洗后沥干，一粒粒用刀拍裂，加盐腌制隔夜。倒掉涩汁，洗净后加入碎冰糖，撒入南姜麸，拌匀后再腌制一夜，第二天冰糖溶化之后，油甘捞起装罐，剩下的汤汁煮沸后，冷却至常温，再倒入罐里密封，随取随吃。

汕头“单车棚郑师傅”私房菜有一道开胃小菜，看上去像橄榄糁的做法，食材却是个头硕大的油甘，就是南姜油甘。只是油甘并没有拍裂，而是切掉头尾两端，配料除了放南姜麸之外还有芹菜珠，吃起来口感颇为惊

南姜油甘（摄影师：韩荣华）

艳，爽脆多汁，苦涩褪去，甘甜微酸，余香隽永。

“数桃数李，数唔着油甘做果子。”这句潮汕俗语极言油甘之卑微，在潮汕各种水果里面排不上位，拜神祭祖也用不上它。

没想到前几年某奶茶品牌开发出油甘汁之后，在广告的狂轰滥炸之下，不起眼的油甘竟然风靡一时，成为都市青年流行的饮料。不过，不少外地朋友表示喝完油甘汁之后有不良反应，最直接的就是拉肚子。想想得有多少颗油甘才能榨出一杯油甘汁啊，尽管不少潮汕人喜欢吃油甘，却极少能一口气吃下这么多的，故而有不良反应也难怪了，再好的东西，也不宜过量食用。

如果把果汁店的油甘核收集起来，晒到爆裂，就会露出绿豆大小的油甘籽来。油甘籽用枕头套装起，当枕头睡时会释放出幽幽的甘香，据说能安神助眠，还有防止长痱子之功效。这是潮汕先民流传下来的就地取材、物尽其用的智慧。

咸柠檬

美食纪录片《风味人间》中，香港老板邓天用海盐腌制的土柠檬蒸海鲜，让人想起潮汕也有类似的腌制方法，所不同的是潮汕人先把土柠檬煠熟晒干后再加盐腌制，如此可以去苦气、挫酸味，出品更为甘醇。这种生长于两广地区的土柠檬，学名黎檬，潮汕人叫它“南檬”（潮音读“某”）或“南午”，个头大小与潮汕蕉柑相仿，呈圆球形，没有柠檬凸起的果脐，果皮青绿色，只有熟透了才展露出一点淡黄，果肉极酸，无法生吃，唯有日晒坛酵、盐腌糖渍，才能成为合格的食材——“咸南檬”。

潮汕咸南檬有两种制法，一种是干腌，一种是湿腌。

南檬干外形干瘪，表面覆盖一层雪白的粉末，果肉呈卡其色到深褐色，小时候直接撕开当零食吃，或开水泡饮，生津止渴，开胃消食。

湿腌的咸南檬同样可以泡开水喝，不过更大的用途是烹饪入菜。

天冷想吃肉，怕油腻的话，搭配咸南檬是个不错的选择。南檬鸭和南檬羊都是地道的传统潮州菜。“特级校对”陈梦因在《食经》中介绍过“柠檬鸭”，特别说明“‘柠檬鸭’是潮州菜中汤的食制”；长期生活在中国的英籍美食作家扶霞在《鱼翅与花椒》里提到在香港一家私房菜馆吃

咸柠檬，潮汕人称“南某”（摄影：韩荣华）

过“咸柠檬鸡汤”，明显就是南檬鸭的变种，因为同时吃的蚝烙、方鱼炒芥蓝等都是经典潮州菜式。

潮菜特级厨师朱彪初先生在《潮州菜谱》中记录的“柠檬鸭”做法极其繁复，光鸭加排骨滚去血水，洗净后再加火腿皮，倒入高汤蒸至熟透，拣去排骨、火腿皮不用，整鸭取出，拆去四柱骨后再放回汤窝，加咸南檬和冬菇，再蒸10分钟。另一位潮菜大师林自然的做法，则是整鸭加两个咸南檬隔水炖2小时。区别在于朱法将咸南檬拆解去核，迅速入味，高效省时；林法则用完整的南檬入汤，慢慢出味，造型优雅。

家庭制作也不一定要整只鸭，可多可少，咸南檬的分量相应减少即可（参见《潮州菜谱》3斤鸭25克咸南檬的比例），整个下的话须注意烹煮的火候和时长，以免南檬煮烂、果核逸出导致汤水带苦。

南檬羊（摄影：陈斯鑫）

朱大师特别说明这是一道“夏令时菜”。一来鸭子当时，二来南檬酸味解腻，夏天吃比较开胃。如果在冬天，此法同样适用于做“南檬羊”汤，只将鸭肉改为羊腩即可，南檬羊是如假包换的冬令时菜。

咸南檬炖出来的汤，比柠檬多一份深邃，比陈皮多一份清香，柔和可口，咸酸开胃，香醇浓郁，温润回甘，韵味隽永，是极具潮汕特色的风味。

汕头电视台拍摄的纪录片《寻味汕头》中，《谷饶佳果》一集提到当地一道名菜——南檬炖三鲜，用咸南檬来炖鸭脚、三鯬鱼、车白，鸭脚焯水后炖40分钟，再放入鱼和咸南檬炖半小时，最后放车白煮至开口即可。

由于酸味可以辟腥祛膻，潮汕家常菜中也用咸南檬来蒸鱼煮肉，大凡用到咸梅的鱼、肉菜式，也可以用咸南檬替代，比如咸梅猪脚、咸梅午笋等等，广州一些牛肉火锅店甚至将咸南檬拆开去核后作为蘸酱。

南檬也可以用来制作南檬膏，生南檬直刀一划，再横切两刀，皆不切断，变成相连的6块，去核，白天日晒，夜晚用石头压去水分，反复几天，待水分流失殆尽后，入锅蒸熟，晾干后用石磨磨碎，再加糖熬至膏状即成。南檬膏加点蜂蜜，用温水或者冰水化开，便是极好的饮料，用于止渴开胃，或是宿醉醒酒，都十分舒服熨帖。

以前没有那么多瓶瓶罐罐的饮料，口渴了就在路边铺仔买杯陈皮水或者南檬水，后来夏天流行吃礤冰（刨冰），店家往往也会搁些南檬膏，年轻人或以为是陈皮，或以为是梅膏，偶尔喝到，嘴上说不出是什么，心里却认同这个味道就对了。

虎缇

每年冬天，潮汕海域的藻类进入生长的活跃期。这时候，海边的潮间带就多了许多绿色的海藻，其中有一些可以为人类所利用。《南澳县志》记录的经济海藻有：

石尊（大北肖）、浒苔（青苔）、蛎菜、礁膜……江蓠（棕菜）、溢江蓠、细基江蓠、红江蓠、鹧鸪菜、角叉菜（鸡冠菜）等40多种。

“石尊”当为石莼，在海底状如菜形，俗称“海白菜”，常用于打火锅，十分爽口。蛎菜也是石莼属的一个种类。

礁膜，绿色的透明薄膜，南澳人称为“蚝仔菜”，大概是因为味道与口感和蚝仔比较接近的缘故。欧瑞木先生曾在《潮海水族大观》一书中大赞礁膜的美味：

在潮汕地区，最常见的食法，是把新鲜的礁膜，用15%的盐腌制，10天之后，取出腌咸的礁膜，即咸蚝仔菜，加上油和姜丝炒熟，味道清爽鲜

“虎缇”就是浒苔（摄影：韩荣华）

美，食之令人胃口大开，不失为佐餐佳品。

紫菜大家比较熟悉，通常是制成干品，用来煮汤、炒饭都很美味。过去海岛上的庵堂，也有用紫菜腌制做杂咸者。

“小石花菜”用来熬煮成海石花，状如凉粉，口感清凉，是潮汕人夏日的消暑佳品。

“海萝”，南澳人习惯称为“赤菜”，过去曾被一些南金厂用来熬胶刷锞丝（用于祭祀的纸钱），后来发现用来调理肠胃效果奇佳，现在变成名贵的保健品了。

“江蓠”现在更多地称为“龙须菜”，用来焯汤，口感十分爽脆，通常是用于煮鱼丸。撒点芹菜珠和胡椒粉，清鲜煞嘴。

“浒苔”潮汕读如“虎提”，常写作“虎缇”。近年常有关于某些海域绿藻泛滥的新闻报道，繁殖过快覆盖水面，一方面影响景观污染环境，另一方面会导致水下氧气不足，海底鱼虾难以生存，影响养殖和捕捞。然而，甲之砒霜，乙之蜜糖，在青岛泛滥成灾的浒苔，在日本却被奉为珍贵的食材。

虎缇生于半咸淡的出海口，直接用手就可以捞取，如果大量采收可以用钉耙之类的工具。虎缇制作的关键在于清洗环节，将细沙和小贝壳从细如发丝的虎缇里面漂洗干净，再用手拧干，但不能太过用力，以免破坏虎缇的结构，影响口感。再用粗盐腌制隔夜，使其释出水分，第二天再挤干水分备用。

制作虎缇可以加酱油、蒜头、姜蓉、辣椒腌制一夜，鲜腌的口感比较滑嘴，有股新鲜紫菜一样的腥鲜味。注意一定要用老姜，一来辟除腥味，二来祛除寒气。俗话说，“姜还是老的辣”，老姜剁成姜蓉，炸过之后和虎缇拌匀即可。如果用热油和姜蓉一起熬煮好，再和虎缇拌匀装罐，密封后可以放冰箱存放许久，只是口感鲜度稍逊一些。

由于虎缇多产于冬季，早上天气寒冷，一碗暖热的白粥，一口咸鲜的虎缇，老姜的辣气一下子让肠胃暖热起来，非常舒服。这东西不吃则已，一旦吃过，就会在你的胃里形成肌肉记忆，让人终生难忘。

潮汕吃虎缇的习惯，在潮阳、惠来一带比较流行，听澄海的长辈讲，过去没什么东西吃，也曾用虎缇煮番薯汤，吃起来一股腥鲜味。闽南地区清明节流行吃“润饼菜”，即把鱿鱼丝、胡萝卜丝、虎缇和花生碎等大家各自喜爱的食材煮熟做馅料，用薄饼皮包起来吃。

由于虎缇富含氨基酸，吃起来有明显的海鲜味，现在许多零食加入的海苔，大部分就是虎缇。

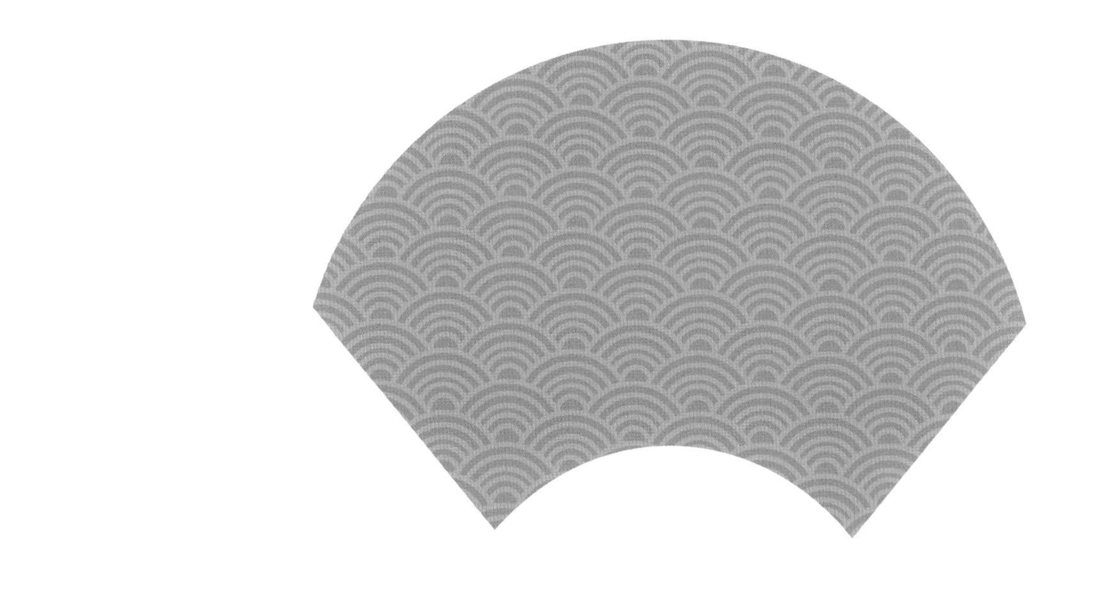

鲜腌水产

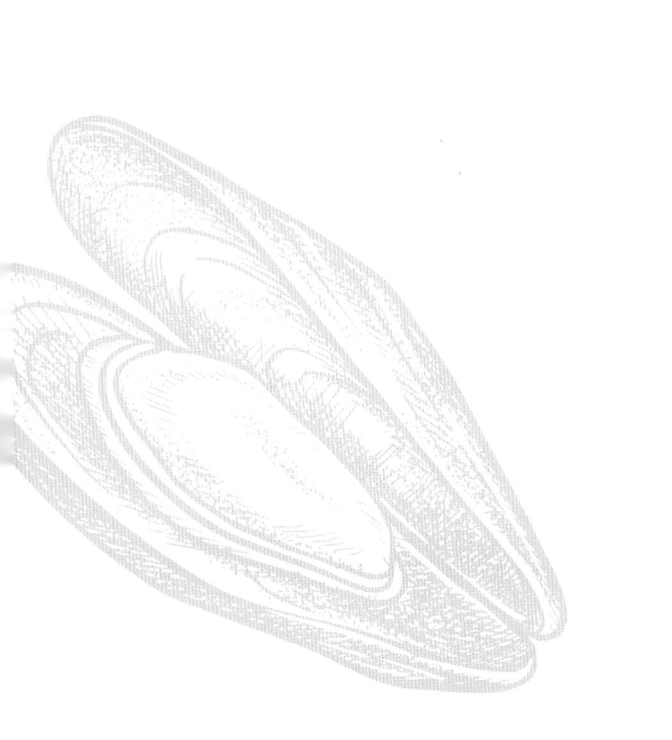

含蚬

4月的南国，悄然有了夏天气息，谷雨过后，菜市场卖的黄沙蚬已经肥美入时了。金艳的蚬粒一下子便勾起食欲，同时又让人想起孩提时在家乡稻田边的水沟里摸蚬的场景，水的清凉，泥的软烂，仿佛触手可及。

潮汕人习惯用“耙蚬跳白”来概括捕捞业。过去潮汕的河溪和大型水利沟里时常可见有人耙蚬，穿着水裤，拿着蚬耙，站在水中央，一耙上来，洗去沙石杂物，捡出来的黄沙蚬便扔进身后漂着的桶橛里。至今在澄海的莲阳河，还能见到此类耙蚬者。

蚬（摄影：韩荣华）

20世纪80年代的潮汕乡村，物质生活还比较贫乏，普遍吃得比较素，白天大人种田、做工繁忙，开荤解馋的任务就落在“奴仔豚”（略微成熟的小孩）身上，夏天放学有空了，便脱剩一条裤衩潜入1米深左右的水沟里，推着轻铁面盆浮于水

炒蚬（摄影：陈斯鑫）

面，摸到了蚬便一粒粒放入面盆里，半晌可摸半盆，回家后还需静养一两天，待其吐净泥沙后方能食用。

潮汕人吃蚬，有着不同寻常的讲究，最讲究的做法莫过于“含蚬”了。将吐毕泥沙的黄沙蚬捞起，放入阔底的砂锅或陶钵中铺平，盖上盖子，放阴暗处静置片刻，待其开口。另一边油锅热好，加入蒜头、葱珠、辣椒等配料爆香，再加豉油水煮沸，确认蚬全部开口后，揭开锅盖迅速把滚烫的汤汁淋上，再盖上盖子，让滚烫的热气把蚬焗熟，冷却后，拌上芫荽碎便可食用。含蚬考验的是耐心，因为蚬壳厚，且受到惊扰时紧闭不开，只有趁其呼吸时张开嘴，露出蚬肉，将香浓滚烫的汤汁直接淋在活体蚬肉上将其烫熟，才能吃到最鲜美的蚬味。

含好的蚬，半含着嘴，蘸汤汁吃，鲜香煞嘴，配白粥吃，一人吃一斤不在话下。现代人贪图方便，含蚬的方法已经简化了不少，有先用白开水烫开口，再淋豉油水的，又或是未等蚬叫开，汤汁淋后蚬嘴不开，再加热煮熟的，也勉强凑合，只是未必如古法含蚬好味。

如果嫌含蚬麻烦，或者没有工夫精细打理，可用炒蚬取代。黄沙蚬生于河溪，多少有些泥腥味，炒蚬时适合用厚味调料相佐，蒜蓉、辣椒等热锅爆香，加入洗净捞干的蚬过油爆炒，加适量鱼露或者精盐，略煮至蚬壳张嘴，撒一包沙茶末，炒匀后放少量味精，撒几片金不换收汁。鲜香微辣，是个下酒佳肴。

一些内陆地区无海鲜，做汤时喜欢用蚬提鲜。潮汕家常菜也会做蚬汤，做法与海鲜贝类清汤相仿，可和瓜类、叶菜相配，也可以简单放些咸菜、菜脯。以咸菜煮蚬汤为例，水煮沸后，略放薄油，蚬粒放入煮到开口，咸菜切片连姜丝放入，煮沸放几片金不换，起锅撒胡椒粉便可。煮毕汤汁泛白，清鲜开胃。

黄沙蚬也可以用来腌制，所用配料与生腌海鲜并无太大差异，无非鱼露、豉油、蒜头、辣椒、芫荽之类。只是蚬壳厚，且蚬嘴紧闭，难以入味，讲究些的用磨刀石一粒粒磨破，懒一点的全部连配料倒入带反牙的擂钵里反复擂动，直至破壳，汤汁便趁机侵入，密封静放一两天后即可食用，味道咸香鲜美。

脱壳后的蚬肉称为“蚬米”，潮汕人多用来炒韭菜花或葱段。蚬米虽然美味，可是一粒沙就可以让人兴致全无，所以多洗两遍是没错的，油爆后的蚬米韧中带香又不失鲜味，非常下饭，如果够咸的话，还可以捞糜吃。

腌血蚶

血蚶学名泥蚶，外壳有瓦楞状突起纹路，江浙一带俗称作“瓦楞子”，在国内至少500年前已有养殖记载，因蚶肉富含血红素，看起来颇为恐怖，令不少人望而却步，在网络上甚至被归入“暗黑料理”系列。

潮汕本地人却见怪不怪，只简单地称为“蚶”。蚶生长在淡水入海口内湾的浅海泥滩，潮汕地区多有养殖，除食用外，先前也作为青蟹的饲料，壳可入药。

《潮州志·渔业志》如此记载：

蚶苗来自福建，其质极细如碎米，经营是业有潮阳城南之内海，汕头港内珠池肚，澄海之大井、大场、天港，饶平之海山、汫洲，及惠来等区皆有之。蚶赤肉白壳，味甚鲜美，人多嗜之。蚶苗须先培殖一年，然后移种于蚶场，再经一年方告长成。冬季至春初为收采期。

尽管“味甚鲜美，人多嗜之”，烹调起来却颇难伺候，蚶既不宜炒也不宜煮，还好刁钻的潮汕人民总能找到最适合食材的做法，常见的吃法大

去半壳的熟腌血蚶（摄影：陈斯鑫）及腌血蚶（摄影：韩荣华）

概有以下三种。

淋：蚶洗净盛好，用煮至将沸的蟹目水淋上，利用水温烫熟，掰开揾三渗酱即可食用，味道酸甜鲜美，口感酥脆软滑，用时下流行的话讲，算是最原汁原味的减法烹饪了，逢有喜事“食桌”时常可见到此菜。此法看似简单，其实也有讲究，水温过火，则蚶太熟直接开口，吃起来口感呆滞；水温不够，淋后的蚶不熟、掰不开。关于火候的把握，有“清水淋蚶，否开嘴”的俗语，形容方法不当导致徒劳。

腌：虽说是腌，其实也要经过上面“淋”的环节，用以消毒杀菌，再加上豉油、臊汤（鱼露）、蒜头、辣椒、芫荽等配料调成的卤汁，静置或放入冰箱几个小时，待其入味后再取出食用。如果即食，一颗颗掰开摆盘，可将蒜头、辣椒略炸做成蒜头朥，再和豉油、臊汤、芫荽等调料拌匀，淋于其上，味道更加香浓可口。

煏：炭炉上面搁置瓦片，一颗颗放上面烤煏，火候同样以将熟能够掰开为度，蘸三渗酱吃。此法格调虽高，却不实用，一来效率低下，二来多有泥垢，恐非家庭食用之法，更适合三五好友，闲情逸致，喝酒闲聊。

古人用贝壳充当货币，潮语至今保留着“蚶壳钱”的说法，食俗中也多将蚶当钱看待。比如除夕夜必须吃蚶，吃毕当天的蚶壳不能倒掉，要留在家中，以聚财气。旧俗清明挂纸须烫好蚶祭拜，并于坟前分吃后，蚶壳散于周围，以祈祖宗保佑全家挣多点钱。

一些神庙，会用蚶壳钱充当卜凶吉用的“圣杯”。在潮汕先贤唐伯元的故乡——澄海仙门村就流传着这样的传说：

唐伯元小时候聪颖过人，民间传说他是文曲星下凡，因为官衔比土地爷高，因而他每天上学经过土地庙时，土地爷都要起立致敬，只是除了他本人，其他人都看不到。唐伯元觉得奇怪，便回家告诉其母，其母听后当然不信，唐伯元便说，母亲如若不信，可拿两个蚶壳钱置于伯爷膝盖之上，若伯爷果真起立，蚶壳钱必会掉落地下。其母将信将疑，便听他的方法试验，唐伯元经过时，蚶壳钱果然掉下，此后方信自己的儿子必然出人头地，便嘱咐唐伯元今后上学最好从伯爷宫后走过，不要劳烦土地爷每日都起立。后来唐伯元果然中了进士，官至吏部考功清吏司。

含大头

《全本潮汕方言歌谣评注》收录有一首关于壳类小动物的歌谣：

> 大头蟟蛴鲜薄壳，钉螺内螺肉拴节，
> 瓮螺出来两条须，惊到阿大头瘕痀抽。

其中“大头”又叫“大头蛏”，学名中国绿螂；“蟟蛴”即“蟟蛁”，学名小刀蛏；薄壳大家都很熟悉，学名寻氏肌蛤；这里的“钉螺”指棒锥螺，俗称“烟筒钗”；“内螺”则是指东风螺；“瓮螺”是蜗牛的俗称。“瘕痀抽”潮汕话中指哮喘。

而关于“肉拴节”的读法和意思，林伦伦教授在《大头蟟蛁鲜薄壳》一文中有详细的说明：

> “seng3（算）节”是什么意思呢，就是像甘蔗或者竹子一样有“节”，节骨眼上就像用绳子拴上似的，低陷了下去一点。钉螺约有6—9个螺层，就是有6—9个“节”，内螺（花螺）也有2—3个“节”，故谓

之“肉seng[3]（算）节”。“seng[3]（算）”字应该写哪个字呢？我主张写“拴”字……

在上面那首歌谣中，“瓮螺”明显违和地乱入了，虽然同为软体动物，但毕竟海陆相隔，相遇的概率微乎其微。而且“惊到阿大头瘕痌抽”也是无稽之谈，蜗牛慢吞吞的动作不见得会惊动谁，况且大头也没有任何动作与“瘕痌抽”有相似之处。不过听多了便见怪不怪，因为歌谣创作者往往为了押韵什么事都干得出来。

大头蛏外壳极薄，呈浅绿色，壳顶靠近铰合部位呈白色，个头比薄壳稍大。每年农历六月，薄壳到了最肥美的时候，个别大的个头逼近大头，故有“六月薄壳假大头”之说。这句俗语一语双关，因为潮汕话中用“大头”来形容爱出风头、死要面子的人，有“大头鸡”“大头好脸”的说法。“假大头”就是“充面子”的意思，这种行为往往带来不是太好的结局，这时候就会被人家说“大头好脸衰”了。

入秋之后，薄壳已渐渐过季，大头却变得肥美，让潮汕人吃海贝可以无缝对接。这时候南方的天气依然炎热，亲水依然是个不错的休闲选择，退潮时候，带着小孩在出海口的滩涂上，徒手挖就可以捉到许多。

想想在秋高气爽的日子里，河海交接的开阔之地，看着白鹭从红树林边掠过，吹着凉爽的海风，泡着清凉的溪水，定然使人心旷神怡。

在这样的环境挖大头蛏，既好玩有趣，又能让小孩子增长知识，准保收获满满。一下午起码能挖上半桶，走的时候记得装上一些出海口的水一起带回家，因为大头含沙量多，至少养一天让其吐沙后，才可以食用，家里的自来水含氯，容易把大头蛏养死。

潮汕人烹饪大头，一般用“含”，爆炒的话容易失水，失却了食材的

含大头（摄影：韩荣华）

精华。大头蛏用八九十摄氏度的蟹目水烫开口，捞起沥干后装碗。起油锅爆香蒜蓉，放入葱头和辣椒炒香，倒入酱油和之前烫大头的汤水，加入香油，煮沸后放入芫荽和金不换，淋入装大头的碗中，稍微拌匀让大头浸泡汤汁即可食用。

大头的肉质虽然没有薄壳鲜甜，胜在个大肉多，汁水饱满，咬下去有爆浆的口感。在酱油汁的加持下油香滑嘴，鲜美过瘾，无论配粥还是下酒，都是一流。

大头当然也可以用来生腌，方法跟其他贝类无异，都是酱油加入蒜头、辣椒、芫荽，大概由于大头汁水多，更能保留海鲜的鲜甜味，潮汕美食家张新民先生就认为大头“更好吃的方法是生腌”。

含沙朥

在潮汕各个侨批馆、博物馆，偶尔会见到寄自马来西亚沙捞越的侨批，这是过去潮汕人曾到此地务工的见证。沙捞越的地名，总让人幻想一片有着许多小贝类的沙滩，因为潮汕有一种小贝类，叫作“沙朥”。

沙朥呈斧头形，个头只有“沙米猴”（粗沙粒）大小，很可能是斧蛤科的豆斧蛤。外壳光滑亮泽，颜色有白、黄、褐、紫等，花纹多为放射状织纹，多彩多样。潮汕部分地区又有“沙筛贝”“海蚬”等叫法，相比之下，惠来人称为“沙雪”更富有浪漫诗意。

小有小的好处，因为体重轻，沙朥可以随着海浪漂流，四处觅食。一阵海浪退去后，随之而来的沙朥会短暂裸露在沙滩上，这时候要眼疾手快捡起来，不然它就钻进沙里面去了。

渔民捕捉沙朥，需要用到密集的蚬耙，插进沙子里面，用力一耙，再洗去沙子，就可以淘洗出陶瓷瓜子一般的沙朥。

沙朥可炒、可含、可生腌，也可煮汤。

炒沙朥搭配蒜蓉、金不换、韭菜花、姜葱皆可，再搁点辣椒着色，炒出来就很有食欲。由于个小易熟，沙朥下锅后很快就开壳，故而用潮式炒

腌沙朥（摄影：韩荣华）

鼎三板斧“厚朥猛火芳臊汤”。

含沙朥的方法跟含蚬类似，找个阔底的容器，沙朥尽量不重叠铺开，加少量清水静置片刻，待其开口微张，淋入滚水使其定型，然后捞起沥干，装盘摊平备用。再起油锅热香蒜蓉、姜蓉，倒入酱油，酌量加入烫沙朥的汤水，煮沸后放香油、辣椒、葱段、芫荽等调料。趁热淋在沙朥上面，捞匀之后即可食用，的确是汁水饱满，吃起来浓香鲜甜。

沙朥也可以生腌，加入蒜头、姜蓉、辣椒、芫荽和酱油。由于生腌沙朥是不开口的，吃的时候尤其考究技巧和耐心，不可用蛮力，只可用巧劲。沙朥的闭合肌比人类的牙齿细小得多，舌头和牙齿无处着力，一旦咬中发力点，仿佛按到机关，轻轻一嗑，沙朥壳就如瓜子壳般分离，似有若无，一丝鲜甜便已经没有了，对付刚才那一口白粥还不过瘾，于是又不禁再夹一颗。

和车白、花蛤等贝类一样，沙螃也可搭配瓜菜煮汤，搁点冬菜调味，汤水就十分清甜鲜美了。更简单的做法是沙螃焯熟后，放几片金不换，尤其鲜甜煞嘴。只是需要放点肉末或者肉制品同煮，因为潮人认为贝类偏“利”，吃完容易刮油，故而需要有油螃中和。

沙螃也可以用制薄壳米、红肉米的方法制作沙螃米，大锅水煮沸，放少许盐，倒入沙螃煮沸片刻，沙螃壳沉底，沙螃米就浮上水面，捞出来的沙螃米大约只有高粱米大小，同样是炒韭菜花或葱段。

吃过沙螃的潮汕人可能不多，第一是沙螃的产区少，本地人没见过也不奇怪；第二是沙螃个头小，许多人嫌麻烦；第三是因为沙螃含沙量偏高，连名字都带有沙字，烹煮之前一定要用清水养够时间，让其吐净沙子；第四是沙螃和胶墙（舌形贝）一样，没吃过的人吃了可能会过敏，俗称“浮瘼”，一般喝点红糖水解毒即可。

沙螃大概是潮汕人吃过的最小的贝类了。潮汕俗语说“钱螺蚬仔食酸嘴”，真正让人“食酸嘴”的，就是这种只有瓜子大小的“沙螃”。适合小酒慢酌，或是无事“食趣味”，但凡要吃饱，或是赶时间，还是不要吃沙螃为妙，因为它会让你吃到怀疑人生。

含花蚶

花蛤，学名菲律宾蛤仔，广州人用近音字写作“花甲”，久而久之，“花甲”成为最常见的俗名。而对于个头稍大、壳厚光滑的波纹巴非蛤，广州人则称为“油蛤”或者“花甲王”。潮汕人并没有分得那么细，习惯统称为“花蚶”。

清初的《海错图》对花蚶的习性已有较为详备的描述：

花蛤，亦名沙蛤，壳上作黄白青黑花纹，如画家烘染之笔轻描淡写，虽盈千累百，各一花样，并无雷同，奇矣。而本体两片花纹相对不错，益叹化工巧手之精细尤奇。食此者，味虽薄于蛏，而脆鲜皆可口，壳厚者尤大而美。

可见古人对如何食用花蛤了如指掌，然而受限于时代的认知水平，对无法解释的事物就只能靠脑补，往往充满浪漫的想象，花蚶壳呈灰褐色，且有黑白斑纹，便被认为是麻雀变化而成。《海错图》里面还有一首《瓦雀变花蛤赞》：

花蛤母雀，介属化生。

其壳斑驳，仿佛羽纹。

作者聂璜非但描写出麻雀钻入土里“化蛤”的滑稽画面，甚至还煞有介事地用大段文字解释自己从不信到信的过程，令人读之，唯有解颐一笑。

潮汕是花蚶的原产地之一，不过本地开始养殖花蚶的时间并不长久。据1994年出版的《潮汕百科全书》记载：

1983年冬至1984年春，饶平县的大澳、碧洲、汫洲、海山、大港、柘林及今潮阳市的古埕，销往福建省的花蛤达4000吨。花蛤养殖业也从此开始……1988年，汕头市水产发展公司制成花蛤肉罐头销往欧美。

潮汕家常菜中，花蚶可炒，可含，可煮汤。潮式炒花蚶一般用蒜蓉、金不换，或者炒咸菜，广府菜则喜欢炒姜葱、豆豉，应该说各有所长。

含花蚶（摄影：陈斯鑫）

尽管《海错图》中聂璜称花蚶“腌鲜皆可口”，但在潮汕，花蚶少有人生腌，多数是熟腌，其操作已经接近潮菜的另一种烹饪技巧“含”了。炒锅里放少量水，加入花蚶同煮，一边拿着夹子或筷子候着，看到花蚶开口了就夹起，开一个夹一个，一定要及时，只有保持恰到好处的火候才能有最鲜嫩的口感。花蛔捞起沥干，晾凉，汤水装碗备用。另起油锅，爆香蒜蓉，倒入酱油、汤水（如不够可加清水）煮沸，放少许香油、白糖，最后放辣椒丁，煮出味即可熄火，装盆里冷却后倒入花蛔，芫荽、金不换稍微切段，加入拌匀即可。吃起来柔嫩多汁，鲜甜爽口，老少咸宜，配粥下酒都合适。广州的潮菜馆海门鱼仔店就有一道人见人爱的招牌菜含花甲。

煮汤的话，花蛔搭配夏瓜、吊瓜、秋瓜皆可。汤水煮沸放油，投入瓜菜和冬菜，再沸放花蛔（可同时加入肉臊或肉丸、鱼册之类肉制品）煮至开口，调味后，撒点芹菜珠就可以熄火了。又或者切几片咸菜，汤水煮沸投入，花蛔煮至开口，加油盐调味后，出锅前撒芹菜珠和胡椒粉。

花蛔也可以煮熟脱壳，晒干后变成蛤蜊米，可以久存。南宋著名诗人杨万里曾经来过潮州，写有《食蛤蜊米脯羹》一诗：

倾来百颗恰盈奁，剥作杯羹未属厌。
莫遣下盐伤正味，不曾著蜜若为甜。
雪揩玉质全身莹，金缘冰钿半缕纤。
更淅香粳轻糁却，发挥风韵十分添。

由于晒干的蛤蜊脯自身带有盐分和氨基酸，不需加盐也不需加糖，就有咸鲜清甜的风味，其烹饪方法和饮食理念已经接近当今潮菜的做法。

腌车白

车白学名文蛤，常与同为文蛤属的沙白混淆。车白壳厚重光滑，带有黄褐色花纹；沙白壳薄无光，通常白色带黑纹，个头只有车白仔那么大。比起其他贝类，车白实在容易捕捉，因为它生活在浅层泥沙中，又不会跑，有时在海里泡澡都会踩到，在澄海的培隆角、北港等地的沙滩上，徒手就可以挖到车白。当然，要挖到够吃一餐就没那么容易了。

耙车白是个体力活，必须用到专业的工具——车白耙。木柄一段接着木板形成丁字形，木板挂接着成排铁条形成一个耙槽，一条绳子系着木板两端套在脖子上，一条布条系着木柄绑在腰间。车白耙插入泥沙十来厘米，人倒退走着耙，听到哒的一声，蹲下一摸就有了。动作快的一下午可耙一大筐，以前个头每每有拳头大小，大的可达一斤左右，小的还扔回海里去。

而今市面上的车白，别说一斤一颗，半斤已属罕见，通常只有茶杯大小的个头。潮汕人煮车白有个特点，就是一定要用刀活着剖开，保留原汁一起煮。高档酒楼用大车白来氽鸡汤，春天配个苦刺芯，夏天配个金不换，鲜美滑嫩，妙不可言。家庭煮汤用车白仔可以不用开边，煮完锅底有些泥沙，沉淀勿用就是。汤水煮沸投入车白仔煮到开口，倒入食用油后放入咸菜片或者苦瓜片，再搁点肉末，煮沸加盐调味，出锅前撒胡椒粉和芹菜珠。夏天喝起来清爽开胃，鲜甜解渴。

肥美的车白给粿条汤提鲜（摄影：陈斯鑫）

车白壳厚，不适合炒，但可以做车白烙。做法与蚝烙相似，只是前期料理仍然需要开边留取原汁，拌薯粉水和葱花，具体操作依然是潮菜三板斧——“厚朥猛火芳臊汤”留待烙毕再撒上去或者当蘸酱。烙熟之后撒上芫荽和胡椒粉，与蚝烙比，有独特的鲜甜味，不过由于烙的时间比较久，车白的肉质会变得偏硬偏韧。上过《舌尖上的中国2》的“银屏蚝烙”，就放车白仔和蚝仔一起烙，只是车白不开边，直接烙至开口，肉质保持鲜嫩，不会干韧，倒也得意。

车白可生腌也可熟腌，都要选用个头不要太大的车白仔，比较容易入味。

熟腌的做法是：车白仔浸泡吐沙，洗好捞起，蒸笼水开放进去蒸，盖上透明盖子，看到哪个车白开壳了就用夹子夹出来，全部开壳后撕去无肉的一边壳，有肉的一边肉朝上放盘子里摆开，壳里的原汤倒进碗里，过滤掉泥沙，再加入酱油、香油、胡椒粉、生粉，倒入少许凉开水拌匀备用。起油锅爆香蒜蓉、辣椒，加入芡汁，再放切碎的芫荽、金不换，煮沸将芡

生腌车白（摄影：陈斯鑫）

汁均匀淋于车白之上即成。吃起来鲜嫩饱满，油香滑润。

生腌的话车白最好先放冰箱急冻几小时，腌制的时候容易开口入味。汤汁用酱油、香油、胡椒粉、芫荽、蒜蓉、辣椒碎，再加凉开水拌匀即可。腌制四五个小时，待车白入味即可食用。吃起来咸甜鲜香，口感嫩中带韧，如果汤汁不太咸的话，就白粥吃，一人能吃一大盘。

车白壳厚重耐用，密封起来可当容器。旧时商业不发达，姿娘仔爱雅（女孩子爱美）想买“胭脂膀投共水粉”（潮汕家喻户晓的潮剧《柴房会》唱词，指古代货郎叫卖的各种化妆品），不似今日网购海淘送货上门那么方便，全靠那摇鼓货郎挑着担子来卖，也没有那么多瓶瓶罐罐，散装雪花膏时常就用车白壳包装。

腌瘪蟹

潮汕话形容物件扁得鼓不起气的样子说“瘪”，字纹弓蟹长得扁扁的，被潮汕人称为“瘪蟹”。由于区域读音差异，潮汕部分地区也读成“篾蟹”。出版于1994年的《潮汕百科全书》就有关于“篾蟹”的记载：

> 淡水和咸淡水产蟹类。……潮阳市的海门港、澄海县的莱芜湾、饶平县的黄冈河口等咸淡水区常有发现。尤于暴雨过后为多，渔民在近海时有捕获。篾蟹经盐渍，加入酱油、辣椒、蒜头和味精调味，便可食用，为潮汕人喜爱的佐膳佳品。但篾蟹是人类肺吸虫的中间宿主，为保障身体健康，食用时最好是煮熟才吃。

对于潮汕人家来说，在众多蟹类当中，最为亲切的应数“瘪蟹”了。旧时潮汕，大到湖泊河溪，小到水田沟渠，皆可轻易捉到瘪蟹。有时候布田（插秧），不小心还会被瘪蟹咬到。可惜由于后来农药的过度使用，现今稻田里基本看不到瘪蟹了。

不过，在潮汕各大河流的出海口依然有很多瘪蟹出没。在汕头的东海岸，捉蠔蟹俨然变成一项亲子活动。海边石头缝里生长着大量的蠔蟹，时常可见小孩子用鸡肉作饵，系根绳子，垂至水面，蟹钳一咬，绳子提起来就可捉到。

蠔蟹受潮汐影响较大，逢初一、十五大潮水时，蠔蟹便纷纷出洞。此时捕捉，成功率最大。以前捕捉蠔蟹用专门的工具——蠔蟹弓。其实就是迷你版的罾网，边长只有四五十厘米，一次多个，放上饵料，布置于野外的水沟里。过段时间再一个个收起，罾网上的蠔蟹无处可逃，就乖乖就擒。

潮汕蠔蟹的汛期在农历六月初一到七月半前后，俗称“蠔蟹冬”，此时出洞的蠔蟹如过江之鲫，简单闸箔便可收获甚多。到九月、十月，隔年的老蠔蟹出洞，蟹母几乎只只乌膏，以前吃都吃不完，生腌又不耐久，只好熻熟后再腌制，方得久存。

蠔蟹自暑天热月开始收获，冬瓜蠔蟹汤正好是解暑佳品。切一圈冬瓜，放十几片菜脯，活蠔蟹一并下锅开煮，煮沸的汤水会泛起一层橙黄色的蟹黄，喝起来甘润怡人。

蠔蟹也可以直接蒸熟吃，或者宰杀后用来炒姜葱。在传统的潮汕人看来，蠔蟹是最适合生腌的，因为个头小，好入味，而且价格亲民、膏脂饱满。蠔蟹洗净后，用粗盐杀菌消毒，用重物压住不让其爬走，待其死后再和豉油、酒、香油、蒜头、芫荽头、辣椒等配料腌制，隔一夜即可食用。各种腌蟹都有个秘诀——酒好蟹就香，推荐用白兰地或者威士忌腌制。

腌蠔蟹个头虽小，却是膏满味足，冰冻后口感更佳，吃起来一个接一个停不下来，往往不知不觉两三碗白粥就喝下去了。近年一些高端潮菜餐厅，将腌制好的蠔蟹除鳃去壳，精心摆盘，层层叠起，露出橘黄乌艳的蟹膏，看上去秀色可餐，令人食指大动。

1. 腌瘪蟹（摄影：韩荣华）
2. 生腌毛蟹（大闸蟹）（摄影：韩荣华）

比瘪蟹个头稍大的大闸蟹，潮汕人称为“毛蟹”，因为地理环境和气候因素，膏脂难以达到阳澄湖或太湖大闸蟹的质量，且潮汕人又更推崇海蟹，故而毛蟹为老辈人所不屑。吃法也不多讲究，多是炊熟或熻熟直接吃，炒姜葱或者做啤酒蟹，倒也美味。近年来由于商家宣传，内地的大闸蟹充斥市场，后生一代也慢慢接受了，用来生腌也是不错的选择。

毛蟹洗刷干净，用饱和盐水将其浸泡至死后，再行腌制（调料同瘪蟹）。腌制24小时后捞起沥干，装进保鲜袋里再冰冻24小时以上。毛蟹个头大，吃起来比瘪蟹更为饱嘴，也更有海鲜冰淇淋的口感。

腌蟛蜞

“不识蟛蜞”出自《世说新语》里的一个段子，后来《晋书》也有沿用。说的是东晋重臣蔡谟初至江南时，见到蟛蜞，大喜说道：“蟹有八足，加以两螯。”然后就让人烹煮来吃，谁知道吃完上吐下泻，才发现原来蟛蜞不是书里说的螃蟹。后来遇到谢尚，提及此事，谢尚取笑他说：“卿读《尔雅》不熟，几为《劝学》死。”意思是说《尔雅》对蟛蜞早有记载说明，你不熟读，差点被《劝学章》害死了。

《尔雅》关于蟛蜞有这样的注释：似蟹而小，不可食。

东汉大学士蔡邕写的《劝学章》，其中则有“蟹有八足，加以二螯”的说法。而蔡谟是蔡邕的曾孙辈侄孙，蔡邕可能是蔡家有史以来最有名气的人物，作为家族后人熟读祖宗的《劝学章》也是顺理成章的事，谢尚嘲笑蔡谟就是因为这个缘故，笑其只识祖宗不识经典。

蟛蜞（摄影：陈斯鑫）

从这些记载看来，显然古人都认为蟛蜞是不能吃的，然而沿海的南方人可不这样认为。在广东、福建等地，人们皆有吃蟛蜞的习俗。

蟛蜞属于相手蟹科，身呈长方形，大约只有拇指头大小，两只蟹螯几乎比身子还大。因其两螯相拱，如作揖状，好像在向天边的云朵行礼，故而得了“礼云”的雅名。珠三角的南番顺一带盛产蟛蜞，当地人取其膏卵做酱，名曰“礼云子”。由于蟛蜞个小膏少，需要捉很多只才够做一个菜，因而极为名贵。

潮汕部分地区称为“磨蜞”，细分之下，又有“红脚”“青掟”“钉屐公”等品种。旧时逢退潮时海滩满满皆是，徒手可捉。蟛蜞身手敏捷，遇有捕捉者，则往石缝里钻，感觉到被攻击时，往往会夹住敌人弃螯而逃，小小蟛蜞，亦有壮士断臂之勇。如果怕被咬，可以用小蟹笱，放在蟛蜞出入的石头缝上，等它自己爬进去，捕捉起来轻而易举。而真正的捕捞者，会用“大划”（一种捕捞工具，套着网袋的木质三角框带长把）往海滩上一插一划，捞起来便可捕获甚多。也有放“大笱”（连环套着的网笼），一天收一两次的，则连同其他渔获一并收起。

蟛蜞个小，烹煮的话几乎无肉，唯有春日长膏时捉来生腌，方能吃其鲜味。腌制时先用清水浸洗，除却沙土，然后加入姜、蒜、盐、辣椒等腌个一天半天（讲究点的可先用高度酒浸泡消毒），其他配料如芫荽、小葱、金不换、酱油、鱼露等可视各人好恶添加，等它死翘翘了就可食用。

蟛蜞壳薄，吃的时候无需像腌瘪蟹一样掰开吃肉，直接咬嚼，吸其味吐其壳，咸香酥脆，清鲜甘美，有海味而无腥气，早晚配粥最好。

关于蟛蜞，潮汕地区流传着这样的故事：清朝康熙年间，为防止郑成功侵掠，朝廷勒令沿海居民内迁，实施海禁。沿海寨门贴有“此处不准掠蟛蜞”的告示，澄海一位蔡秀才，与乡里人一同前往海头掠蟛蜞，见到忆里。

生腌蟛蜞(摄影:韩荣华)

告示，犹豫再三，不敢越雷池一步，最后只能空手而归；其他不识字的乡人，完全无视告示，放手捉掠，结果皆满载而归。回到乡里后，识字的蔡秀才就被乡里人讥笑“老别字掠无蟛蜞”（此处“别”潮音读“北”，意为“认识”），这俗语后来也用来讽喻照书行事、不懂变通的人。

“不识蟛蜞”与“掠无蟛蜞”，相距1000多年的两位蔡姓读书人，给我们贡献了两个相映成趣的段子，与生腌蟛蜞的滋味一同留在潮汕人的记忆里。

腌咸蠘

蟹类品种繁多，潮汕人按照其生长的水域划分，淡水曰“蟹”，咸水曰“蠘”。口感上，蟹甘香，蠘清甜，由于蟹膏鲜香，蠘类膏不如蟹，潮人以膏蟹为上品，有“龟笑鳖无毛，蟹笑蠘无膏”之说。

蠘主要指梭子蟹，常见的有三目蠘、冬蠘、青蠘、瘪蠘，等等。

三目蠘学名“红星梭子蟹”，因其背壳上有3个褐色斑点，识别度非常高。市面上算是最常见的梭子蟹，炒、煮汤、煮粥等各种做法都适宜，由于个头比瘪蟹略大，易入味，也适合用来生腌。

冬蠘学名“三疣梭子蟹”，通常简称为“蠘”，北方称为飞蟹，蟹爪及蟹壳周边有白色斑点，最大的特点是入冬后肉和膏趋于饱满，深受潮汕食客喜爱，故而称为“冬蠘”。吃法是只需蒸熟，肉质清甜鲜美，口感厚实饱嘴，入冬时候吃性价比最高。

青蠘俗称“花鸡母”，蟹身有白色斑纹，蟹爪呈蓝色，雌雄个体差异较大，雄蟹蟹身蓝色，蟹螯较长，雌蟹青褐色，蟹螯较短。学名“远海梭子蟹”，顾名思义生于远海，肉质最为洁净，适合煮汤、炒，甚至做冻蟹。

瘪蠘呈褐色，背壳中间有白色剑状斑纹，原本有个威武的学名叫“拥剑梭子蟹”，新近的科研成果把它踢出“梭子蟹群”，有了个新学名叫“拥剑独蟹”。瘪蠘不像其他蠘类四季常有，春季比较多见。由于壳薄肉厚，一些老饕认为瘪蠘生腌最好吃。

蠘类吃法大同小异，无非是蒸、熻、炒、煮、生腌，当然也可煮粥。

蒸最简单，冻死后（活蒸容易掉腿，影响卖相）背壳朝下，整只隔水炊熟，最能吃到原味。

熻是一种潮式烹饪方法，按食材分量加入对应比例的水，煮到水干蠘也熟了，适合大批量烹煮。潮汕有“蟹熻壳，蠘熻腹”的说法，因为青蟹生长于咸淡水交界的出海口，身上有少许盐分，煮时壳部着底腹部朝上，熻熟蟹肉有点咸度不至于寡淡；蠘身上盐分偏多，煮的时候腹朝下壳朝上，以便泄掉体内的盐水，吃起来不至于太咸。

潮人炒蠘多用姜葱炒，喜欢勾芡。因为蠘类肉质不似蟹饱满，有时候肉少只能吮吸鲜味过过瘾，放点薯粉水可以粘住配料以及部分散落的蟹膏蟹肉，一些人家甚至不放薯粉，直接用鸡蛋炒，也是同样道理。

煮汤可以斩件后和冬瓜、苦瓜同煮，放点冬菜调和，汤汁鲜美清甜，适合夏日解暑。

传统腌蟹有“蟹用红卤，蠘用白卤”的不成文规定。大概是由于蟹生长在淡水里，有泥腥味，需要用到酱油和香料来掩盖。而生活在海里的蠘类相对纯净，人们更希望吃到它的清甜原味。故而过去渔民腌咸蠘仅用粗盐，一层蠘一层盐，高高摞起，挑着担子卖。

而今多不讲究，蠘类腌制也多用红卤，且无须隔夜。可整只生腌，也可以斩件后加盐拌匀，加入切碎的蒜头和小辣椒，倒入酱油腌过食材约三分之一，浸泡一两个钟头，中间翻拌一两次，吃之前撒芫荽碎装盘即可。

1. 腌三目蠘（摄影：韩荣华）
2. 生腌冬蠘（摄影：韩荣华）
3. 满是红膏的腌咸蠘（摄影：韩荣华）

碰到性子急的，不小心还会被夹到嘴。

据传澄海松发酒楼首创用冰箱强冻腌蟹的吃法，之后潮菜业界纷纷效仿。人们发现生腌冻蟹有着冰淇淋般的口感，且膏脂鲜美，入口即化，妙不可言，而且吃起来容易上瘾，故将其称为“潮汕毒药”，现在生腌冻蟹基本成为潮菜生腌的标配。不过，潮汕有句俗语叫作“食蠘试身份”，外地人不熟悉海鲜或者肠胃不好者，吃生腌咸蠘容易拉肚子，“潮汕毒药”虽然好吃，但提醒各位还是要量力而为。

不管是咸蟹还是咸蠘，一般酒楼上菜都会配上一碟姜米醋，因为蟹类性寒，姜米醋除了和味，还可以驱寒。

腌膏蟹

一脚雨伞，二脚鸡母，三脚蟾蜍，四脚水牛，五脚哮唝，六脚沙蜢，七脚马重骑，八脚马鬼爷，九脚无人有，十脚阿蟹舅。

这首潮汕童谣叫“数脚歌”，将各类物件逐一数来，“脚”最多的就是蟹了，为了押韵，还不惜叫蟹一声“舅舅”。

说起“蟹”，国人多联想到大闸蟹，但潮汕人独尊青蟹。

青蟹蟹身呈斧头状，蟹壳有锯齿，巨螯金爪，按性别与成长阶段的不同，又分为水蟹、乌脐（也叫“乌脐仔”，粤语习惯写作“奄仔”）、肉蟹、膏蟹等。水蟹是尚未长肉的蟹，多用来炒或焖；乌脐是指未受精的处女蟹，适合清蒸；肉蟹是成年公蟹，适合焗；膏蟹是成年母蟹，最好做成蟹粥。比起其他蟹种，青蟹除了肉甜膏美外，还有一种独特的甘香，产地水质好的青蟹更是腥味全无，可见潮汕对青蟹情有独钟是不无道理的。

以前无养殖，能否吃到青蟹要看天行事，因而青蟹并非经常能够吃到的家常菜，价格也比较贵。青蟹蛋白质含量高，先前常常被当作病后康复或妇女坐月子的补品，即便讨海人家也是款待客人时才舍得吃。而今生活好了，又普遍养殖，青蟹也越来越多出现在寻常人家的餐桌了。

青蟹生命力极强，成年公蟹上水后可耐一周不死。大闸蟹通常放冰箱保鲜，青蟹切忌入冰箱，会被冻死，放阴凉处，给一点点水即可。但要注意防蚊，尽管一身盔甲，青蟹也有死穴，蟹眼如被蚊子叮到很快就死。

豆酱焗蟹（摄影：韩荣华）

南澳渔歌“九月赤蟹一肚膏，十月冬蠘脚无毛”，其中的“赤蟹”便是青蟹里最好的“膏蟹”了。此时的膏蟹普遍有六七两重，大的足有一斤，膏饱肉肥，一人吃一只都有点撑。膏蟹适合清蒸或煮粥。清蒸的话什么调料都不用放，半斤以下10分钟即可，一斤左右的最好蒸到20分钟以上。蒸熟即可闻到浓郁的香气，这是最能吃到蟹香原味的做法。

煮粥的话用潮汕传统的香糜做法即可。膏蟹杀好斩件，蟹钳用刀敲破，米淘好下锅加水煮沸后，转小火，待米粒煮透，倒入适量的食用油，放入蟹块、冬菜、香菇丝、姜丝，转大火煮沸，加盐调味，煮沸熄火，撒上芹菜珠就好了。

姜葱炒青蟹是最常见的做法，蟹杀好斩件，蟹螯拍破，姜片和葱头爆香后，放蟹块爆炒，由于青蟹肉身厚，难以直接炒熟，放盐后须加水焖煮，中间最好翻炒一次，最后放入葱叶收汁，焖熟后秀色可餐，味道香浓。

潮菜大师林自然独创的“豆酱焗蟹”堪称一绝，大肉蟹（最好一只有一斤）杀后斩件，普宁豆酱研磨成糊状，均匀涂在蟹肉上，砂锅放大量蒜头整颗爆香，然后按蟹爪、蟹肉、蟹螯、蟹壳依次放入砂锅，加一杯凉开水，焗熟即成。加上金不换，香上加香。

水蟹通常用来煮汤，搭配冬瓜或苦瓜，尽管肉质不够饱满，胜在汤水清甜鲜美。

过去潮汕人是舍不得用青蟹来生腌的，因为过于奢侈。而今生活条件好了，变得嘴刁爱吃巧，加上电冰箱的普及，“潮汕毒药”就这样应运而生。膏蟹整只用冰水冻死，洗刷干净后，加蒜头、芫荽头、姜片、辣椒、藤椒、桂皮、八角等配料，倒入一小杯威士忌或白兰地，少许香油，再淋入生抽直至淹没蟹身，腌制24小时后，捞起膏蟹沥干水分，装进保鲜袋里放冰箱强冻。吃时取出斩件，待其将化未化时上桌正好，带着冰渣的蟹肉有着冰沙般的口感，味道咸香鲜甜，蟹膏胶糯绵滑，一口下去，大大满足。这样的“海鲜冰淇淋”，配粥下酒都是极品。

被誉为“潮汕毒药”的腌膏蟹（摄影：韩荣华）

腌虾仔

“天顶星，海底虾”——这句潮汕歌谣极言海底虾类之繁多。的确，潮汕海域虾类资源丰富，据《南澳县志》记载，光是南澳近海的对虾类就有大约30种。大到龙虾，小到毛虾，都是潮汕人的盘中餐。

潮汕菜市场常见的海虾有沙虾、沙芦虾、九节虾、墨虾、白虾、草虾、白刺虾、毛虾、土虾、罗氏虾，等等。虽然个体大小和外表颜色各异，但大体都是头尖、须长、足多。有一则潮汕俗谜这样形容它的特征：“看你个样真出头，十脚又欲包长须。呾你做事样样会，见着关爷命就休。”

前面两句好理解，潮汕话回应他人表示肯定的读音和“虾”接近，故而说“虾”显得啥都会。关爷脸色红，俗称“红面关公”，此句是讲一旦虾看到红色就是丧命之时，因为不管虾活着的时候什么颜色，煮熟后虾壳一概变红。故而又有一则潮汕俗谜：“在生看无半点血，死后通身干干红。”谜底就是“虾”。

虾的吃法多样，最常见的是白灼虾，白开水煮沸，放虾和姜葱煮熟捞起即可，蘸酱油芥末，或蒜头朥加酱油。沙虾个头不大，却十分清甜鲜

鲜腌虾（摄影：陈斯鑫）

美，用来炒吊瓜、炒角瓜，都是传统名菜。土虾可以炒韭菜花或者葱段，虽然是淡水虾，肉质却极富弹性。墨虾个头大，可以做开边蒜肉虾，三两以上的切段煎都可以。

虾也用来加工成预制食品，比如虾枣、虾丸，吃起来十分鲜甜爽弹，就是价格不便宜，因为手工剥壳的人工成本太高了。本地小吃也用虾仔裹面浆油炸做成虾饼，面浆混入适量葱花，再加盐调味，鲜虾去头后投入面浆当中，入油锅炸成饼状，蘸橘油吃风味更佳。

虾晒干做成虾米，可长期保存，可直接吃，也可煮菜用，和香菇搭档，是潮汕炣饭的常客，也是各种小吃的常见馅料。

潮汕地区生吃虾的习惯自古有之。北宋彭延年谪迁潮州，后来定居在浦口村（今揭阳官溪），曾作《浦口庄舍》五首，其四曰：

浦口村居好，盘飧动辄成。
苏肥真水宝，鲦滑是泥精。
午困虾堪脍，朝醒蚬可羹。
终年无一费，贫活足安生。

整首诗都在说潮汕物产丰富，生活便利。“午困虾堪脍”，就是说中午饿了有虾可以做虾生。“朝醒蚬可羹”，则言早上醒来有蚬可以做汤羹。

清代乾隆年间的《潮州府志》也曾记载：

所食大半取于海族，故蚝生、鱼生、虾生之类，辄为至味。

潮州的鱼生店也兼卖虾生，新鲜的活海虾去头剥壳、剔除虾线，然后片成薄片，和各种鱼生配菜一起吃。虾生其实可以家庭自己做，虾处理后放冰箱冷藏，拿出来剥壳，蘸酱油芥末吃，这是最能吃到食材原味的吃法。

生腌虾的做法简单，用来生腌的虾首先必须鲜活，其次个头不要太大，一来肉质比较稚嫩，二来容易入味。像小九节虾、野生沙芦虾、白虾，都是上好的生腌食材。

鲜活的海虾剪去虾头，挑掉虾线（如果是个头小的白虾仔则可省略此步骤），洗净后控干水分，加酱油（可兑凉开水改淡）没过虾身，加入

腌虾（摄影：韩荣华）

适量高度酒，白糖、香油随个人喜欢酌量添加，然后撒些切碎的蒜头、辣椒、芫荽等配料，盖上保鲜膜放冰箱，腌制1小时以上便可食用。虾肉的鲜甜和酱汁的浓香浑然一体，口感清凉适口，或爽弹或胶糯，夏日用来配粥，一人可吃掉一盘。

需要说明的是生腌虾必须当日腌当日吃，否则太咸不说，虾肉中保持鲜甜的氨基酸和核苷酸大多是水溶性物质，浸泡久了风味就消失了，也就失去吃生腌虾的要义。

腌虾蛄

虾蛄，又称虾姑、濑尿虾、螳螂虾、皮皮虾，等等。

刚捕捞的虾蛄出水时，腹部会喷射水柱，有如小童撒尿，因此被广府人称为“攋尿虾”，“攋”潮音“娶”，潮人谓奴仔（小孩）尿床曰“偷攋尿”。由于“攋”字太过生僻，久而久之就俗写为“濑尿虾”了。

不过，潮汕人还是习惯称为“虾姑”，张新民老师认为“与虾婆类似，虾姑的意思是虾的姑姑，比虾大只，比虾长辈”。

虾蛄的生活习性及捕捉方法在《潮汕百科全书》中有详细介绍：

虾蛄：生活于暖水近海沙泥底或岩礁间。白天潜伏，夜间爬行寻食。南海种类最多，已发现的有60多种，最大体长33厘米。潮汕沿海均有产。为拖虾网、拖网及刺网作业兼捕品种，产品不多。

虾蛄生命力极强，上岸许久依然可以活蹦乱跳。旧时潮汕民间尚武，其中有一招就是仰卧地面，瞬间跳跃起身站立，酷似虾蛄生猛弹跳，被称为“虾蛄跳”。本地人甚至可以从煮后的蜷曲程度判断虾蛄的鲜活度——

越弯曲越好吃。

饶平人说：“正月虾姑唔分亲，二月虾姑肉变轻，三月虾姑有当无，四月虾姑厕缸填。”正月是潮汕最冷的时节，也是虾姑最肥美的时候，这时候的虾姑要肉有肉，要膏有膏，对于吃货来说绝对机不可失。

不过，虾姑虽然好吃，做的时候要小心为好。潮汕地区有句顺口溜“一魟二虎三沙毛四金鼓五淡甲六蟹七蠘八虾姑”，说的是海里面各种鱼虾蟹对人体伤害的严重程度。虾姑虽然排在末位，其杀伤力却不容小觑。料理虾姑的时候，一不小心就会被刺伤，吃的时候倒是忘了疼，可第二天受伤的部位仍会隐隐作痛。即便是煮熟之后，吃起来依然“凿嘴凿舌”，最好先拿剪刀将尾部和两侧的棘刺剪掉。

在潮汕比较常见的吃法是白灼，由于虾姑自带食盐和氨基酸，最好什么调味料都不放，水开了扔进去煮几分钟，放点姜葱去腥，等虾蛄身上都变紫红色便可熄火捞起，吃其原汁原味，肉质极其鲜甜，且富有弹性。带膏的虾姑潮人称为“赤心虾姑”，被认为是虾姑中的极品。橘红色的虾姑

生腌赤心虾姑（摄影：韩荣华）

膏煮熟后口感结实如咸蛋黄，却没有腥味，且有独特的鲜香味，吃起来那叫满足。如果说有什么美中不足的话，就是虾姑煮后的汤水有股塑料味，不喝它便是。

赤心虾姑用来生腌，更是人间美味。剪去头尾和两边硬刺，加入蒜头、辣椒、芫荽、酱油、酒等调料生腌，理论上拌匀可以直接吃，但要入味的话最好入冰箱腌制三四个小时，剪成两段会快一些。如果要追求极致口感，还要捞起沥干，再放进冰箱急冻隔夜，经过冰冻以后，冰沙口感的虾姑肉包裹着溏心的虾姑膏，橘黄的膏鲜亮欲滴，令人食指大动，冰凉鲜甜足以让味蕾的体验达到高潮。这样的生腌虾姑用来做杂咸，是一碗白粥的最高礼遇。

如果是冰鲜虾姑，最好用椒盐或避风塘做法，可以用来炒姜葱，只要新鲜度在，也是一道很好的下酒菜。

虾姑浑身是壳，边缘还有棘刺，有些内陆的朋友初次吃虾姑，不知如何下手，甚至觉得费劲而选择放弃。其实吃虾姑也有技巧，只需拿剪刀把两侧上下壳连缀之处剪掉，掀开来就是整条的虾姑肉了。

腌石曝

石曝生长在水质比较好的潮间带，通常与龟足、藤壶等附着于礁石之上，杂然相处。龟足一般附着于礁石的阴暗面或缝隙里，笠贝则往往附着于礁石晒得到太阳的一面，故而被潮汕人称为“石曝”。

石曝的中文学名有“笠贝”“嫁蝛”两种写法，而民间俗称还有“将军帽”“龟甲蝛”“草帽螺”等多种叫法，命名方法无一例外都指向它的外壳——长得像一顶斗笠，常见的壳长3至5厘米，壳底下的腹足对于吃货来说就是一片厚厚的肉。

关于笠贝，在浙江温州流传着一个有趣的故事：

传说以前四海龙王在互相争斗，海底的鱼虾蟹蚌都不得安宁。笠贝原本是个游泳高手，武艺高强，是东海龙王的将军，由于镇守南水寨有功，东海龙王赏赐他酒食。没想到他却因此沉迷美酒，整天喝得醉醺醺的，结果遭到南海龙王派来的虾兵蟹将的突袭，醉酒的笠贝毫无还手之力，情急之下躲进厨房，不小心撞翻一口大锅，被扣压在底下，贴得密不透风。幸亏东海龙王及时闻知，增派援兵，才守住南水寨。失职的笠贝被贬去守礁石，而他身上的大锅再也分离不开了，成为名副其实的“背锅侠”。

大锅潮汕人叫“大鼎”，石曝壳上的放射性纹路，与其说像个鼎，不如说像过去竹编的鼎盖，难怪汕尾人叫它“鼎感菇”。

同为原始腹足目的动物，无论是长相还是生活习惯，石曝都跟鲍鱼非常相似，因而石曝又有“假鲍鱼”的叫法。在一些人迹罕至、风浪较大的海岛，石曝长得异常肥壮，外壳长度可达八九厘米，个头与菜市场常见的养殖鲍鱼相当,而吃起来口感比养殖鲍鱼要好，叫它“假鲍鱼”，多少有点委屈石曝了。

由于生长在潮间带，石曝的捕捉时间非常有限，要算好潮汐在退到低潮时到达的位置，并在涨潮之前离开。

石曝黏附能力非常惊人，南澳人有“石曝克老鼠”的说法，说是涨潮的时候石曝会松开身体觅食，渔船上的老鼠也会在海边的礁石上流窜，如果老鼠的尾巴尖不小心伸进石曝和礁石的缝隙，会被石曝紧紧贴住，跑又跑不了，咬又咬不到，等到潮水涨满的时候活活被淹死。

在南澳岛，“落溪”（潮汕人称赶海）的姿娘会带一把铁制工具，一头带铲一头带钩，瞄准石曝与礁石的缝隙，紧贴着礁石铲下去，下铲必须快、狠、准，趁其不备，一举拿下。如果没能一铲而下，受了惊吓的石曝会提高警惕，紧紧贴住礁石，这时候再铲就困难了，且往往会凿破壳。

汕尾的美食作家连幼希在《你是上天的恩赐》一文写道：

海垅人还喜欢用它来做各种养生汤，加上花旗参和枸杞，加上百合和莲子……都是一道清雅的汤，其中不变的，则是鼎感菇后下微灼的原则。

生腌石曝（摄影：韩荣华）

文中还提到咸橄榄汤、爆炒等多种吃法。

在南澳、惠来等地，石曝经常拿来生腌。

新鲜的石曝泡水吐沙后，洗净沥干，加入酱油、蒜头、辣椒、芫荽头等配料腌制。腌制时间是关键，第二天还没有完全入味，吃起来比较寡淡；第三天吃最好，石曝完全入味，香甜鲜美，口感比起生腌小鲍鱼更加弹韧爽脆，配粥一流。但腌制时间也不能太久，若超过一星期，浸泡汤汁太久，肉质重又变得软烂，壳也返腥味了。

最后提醒一点，腌制石曝放点高度酒很重要，最好是白兰地或者威士忌，能够增香，加分不少。别忘了，“笠贝将军”是爱喝酒的。

腌蚝仔

潮汕人吃蚝由来已久，早在明清时期就有人工养殖，从先前在海底蚝埕放石块，到后来插竹竿、竖蚝柱，以至现在用吊绳养殖，方法越来越多样成熟。蚝的吃法，自然也不会落后，最为人熟知的莫过于蚝烙了。

吃蚝皆以大为美，潮汕蚝烙却要挑选小的珠蚝，番薯粉和水以容量一比三的比例，加入蚝仔和葱花拌匀。煎蚝烙的秘诀，便是那句重复多次的“厚朥猛火芳臊汤”。

所谓“厚朥”，就是要多放猪油，“猛火”就是开大火烧烙。为了保证大火均匀，最好用平底锅。油锅一热，事先拌好的蚝仔和粉水均匀地淋上去，用煎蛋一般的方法将一面煎至焦黄，然后翻过来煎另一面，此时可再放一勺猪朥，确保肥香及温度。

至于“芳臊汤”，那是煎熟后的事了，“芳”是香的意思，“臊汤”是指鱼露，可以适量均匀地淋洒在蚝烙上面，也可以倒在酱碟里面蘸着吃。起锅后还要撒上芫荽、胡椒粉，方算完工。

大蚝多用来煮汤，常见的有大蚝煮酸菜。开水煮沸放入大蚝、酸菜，撒入姜丝、芹菜，放点油盐味精即可。汕头人将蚝叫作“水生”，顾名思义是生长在水里的，也让人联想到其含水量之高。如果打火锅不用漏勺，大蚝放进去过一会儿找不着，等捞上来只剩一丁点“蚝粕”。蚝之所以鲜美，全在于原汁液，一失水便失味，故而煮汤也好，打火锅也好，均不宜久煮，焯熟即可。

潮州菜大排档常见的菜式还有姜葱焗大蚝、铁板生蚝等。在原产地，南澳人喜欢用最简单的做法，连蚝壳煮熟，吃其原味。

蚝糜大概是潮汕地区最常见的海鲜糜了。家庭做的话也不难，蚝糜最好选蚝仔，米淘好下锅开火，煮沸后转小火，待米粒煮透后，下蚝仔、肉末、冬菜、姜丝，转大火煮沸，可放点茼蒿等菜蔬，下油盐味精调味，熄火后撒点胡椒粉即可食用。

烧蚝大概20世纪90年代才兴起，通常作为宵夜或者下酒小吃，并非家常菜。烧蚝最好选用壳薄、个头适中的蚝，壳厚难熟，隔靴搔痒，耗炭多是一回事，本来明烧变成煨烤，味道截然不同。太大个的话须割断瑶柱，翻着烧方能烤熟。除了放蒜蓉外，潮人烧蚝的创新在于加入少量菜脯粒，烤出来可是纯天然的蚝油蒜蓉炸菜脯啊，生蚝的鲜味与菜脯的咸香相得益彰，更有蒜香调和，味道自然比其他地方烤的更胜一筹。

若论原汁原味，最好不过吃蚝生。最新鲜的吃法是在海边的礁石上撬开之后直接放进嘴里吃。近年越来越流行西式牡蛎吃法，冰鲜后加柠檬汁，另有风味。

潮汕传统的吃法则是腌蚝仔，与其他贝类的腌法大同小异，开好的生蚝放生粉洗净沥干，蒜头、辣椒、芫荽、金不换等切碎备用，酱油、鱼露、香油、白糖等调好咸淡，倒入生蚝和配料腌制，拌匀之后放冰箱静置20分钟，待其入味即可食用，吃起来鲜甜肥嫩之外，透露着咸腥的海洋气息。难怪潮汕歌谣唱道：“爱食蚝仔腌芫荽。”

生腌蚝（摄影：韩荣华）

汕尾一带流行“腌蚝仔鲑”，蚝仔用淀粉洗净沥干后，放入炒过且冷却后的海盐再腌制隔夜，用凉白开水漂洗一遍，沥干之后，加入炒熟的黄豆，煮沸过的酱油和鱼露冷却后倒入，拌匀腌制，生蚝和黄豆经过约一星期的发酵后，动物蛋白和植物蛋白分别转化成对应的氨基酸，蚝仔鲑的“鲑”味就出来了。

钱螺鲑

潮汕的杂咸铺里，生腌的小贝类很多，比如钱螺鲑、咸蚬、咸薄壳、咸红肉等，统称“钱螺蚬仔”。往往壳多肉少，费很大劲却吃不到什么东西，因而有句歇后语叫“钱螺蚬仔——食酸嘴”，谓其鸡肋麻烦，奈何不少潮汕人却乐此不疲。

潮汕话中“卤”字有两种读音，表示加入各种五香配料连酱水进行烹煮时，读“lou^2”，如卤鹅、卤鸭、卤猪头；表示加入各种香料生腌制作食材时，读“lou^6”，如卤蚬、卤瘪蟹、卤咸菜。食材不同，卤制的方法和配料也有所不同，有干腌和湿腌两种，干腌只用海盐，湿腌常见的配料有鱼露、豉油、蒜头、辣椒、芫荽，等等。

海鲜贝类经过长时间腌制后，其中的蛋白质分解形成软糯黏滑的口感，发酵后腐臭的气味和游离氨基酸的甜味混合出独特的风味，这样制作出来的食物潮汕人叫“鲑”（潮音“goi^5”）。常见的有钱螺鲑、猴染鲑、蚝仔鲑、薄壳鲑等等，往往咸鲜与腥臭共存，喜欢的甘之若饴，不喜欢的避之唯恐不及。故而有句潮汕俗语叫“卖花说花红，卖鲑说鲑芳”。

最能诠释“鲑”的含义的，当属“钱螺鲑”。钱螺学名泥螺，常常附着在漂浮物上面，每当南风刮起时随波而至，故又称“浮螺”或“南风螺”，本地人戏称为“海诐”（海泡沫），旧时被视为污秽低贱之物，直接拿三角网捞便可捕获。真正大规模的捕捉要待退潮以后，到滩涂上捡拾。

潮阳关埠的许建忠老师，在其大作《路内：穿街走巷卖钱螺》中介绍了专业捕捉钱螺的方法：

用来捕捞钱螺的工具叫做“枰”，其实跟捕捞薄壳、红肉、石螺、蚬团等底栖类生物都一样，就是要求底部平整、有一定重量可以贴紧土面割切表面泥土获得壳类生物，一般由铁板做成底梁，上面用三角形或半圆形撑开，后面系上网兜，再结上绳索用来牵引。

该文描述了路内村曾经集体捕钱螺、卖钱螺的往事，充满着浓浓的时代感和乡土气息，读罢让人唏嘘。

在潮汕，钱螺的吃法无它，唯有生腌。腌制的酱料除了常见的鱼露、辣椒、芫荽之外，还要加入炒黄豆，以及蒜苗一并腌制，俗称“卷蒜仔”。家庭腌制钱螺大概要一星期之后才能食用，吃起来才有“鲑味”。专业生产则先把大量的钱螺用盐干腌，再根据生产计划取出来脱盐、加酱料，装罐销售。澄海东里南兴食品厂生产“香螺”牌钱螺鲑，将其命名为“香口螺”。

关于钱螺鲑的口感，陈斯鑫先生在《钱螺蚬团》一文中有过非常巧妙的描述：“腌制好的钱螺鲑，壳脆若玻璃，吹弹可破；光泽如玛瑙，鲜艳明亮；肉滑过琉璃，柔软黏稠。夹之怕碎，含之怕化，置于口中，仿若舌吻，虽有嚼劲，咬之不忍，轻轻吮吸，螺肉便滑溜而过，只剩一阵大海的

钱螺鲑（摄影：韩荣华）

风暴在口腔回荡，唯有一口暖热的白糜才能压下去。”

大概是受纬度气候影响，华东的黄泥螺个头要比潮汕大许多。当地人用来炒或煮汤，外面饭店吃到的更多是醉泥螺。腌法与潮汕大有不同，盐水搅拌去除泥沙，脱盐后加入糖、酒、盐、醋等调料腌制，口味偏甜，却也可口美妙。

由于本地海域滩涂由私人承包，很多承包户会养殖生蚝、车白、花蛤等较为经济的水产品，单一养殖破坏了滩涂生态，留给泥螺生长的空间过于狭窄，以至于本地捕获到的钱螺个头小、数量少。作为专业生产商，南兴食品厂的老板沈炎喜先生一度把目光瞄向华东的泥螺，并尝试进货生产。没想到华东的泥螺虽然个大肉厚，肉质口感却偏爽脆，做不出“鲑”该有的黏糊糊的口感，只好作罢。

腌蟟蛁

老人常说“海底物件别唔了”，这里的“别”字潮音读“北”，意为“识别”，整句的意思是海里面的东西没办法认全。的确如此，光是贝类，我们就难以认识其百分之一。潮汕俗语“大头蟟蛁鲜薄壳”，用以概括各种小贝类，然而即便这三种，大部分年轻人也是只知“薄壳”不知“大头”，“蟟蛁”尤其陌生。

北方人用“蟟蛁”来称呼某种知了，如《清稗类钞》记载：

> 蛁蟟，长一寸三分许，色黑，翅无色透明，夏秋间鸣于高树。

潮汕人用以指称贝类的“蟟蛁”应该是替字，本意未明，其潮语读音，林伦伦教授在《大头蟟蛁鲜薄壳》一文有过说明：

> Liao^{6} ziao^{6}，学名叫小刀蛏，是刀蛏科刀蛏属的双壳纲软体动物。字有写作“蟟蛁”或“蟟蟜”的，甚至有潮汕话谐音写“撩撬”的。

蟟蛁身形较扁，一头尖一头圆，外形酷似另一种被潮人称为“月姑”

的紫色贝类，只是个头要小得多。关于蟟蛁的生活习性，《潮汕百科全书》一书有较为全面的描述：

蟟蛁：贝类海产品。又称料撬，学名小刀蛏。壳质脆薄，呈长卵形，贝壳前端大于后端，表面淡黄色。栖息于潮间带的泥沙中。惠来县的资深村、神泉港、览表村，潮阳市的海门镇至田心镇一带沿海滩涂均可采到。鲜炒食用，肉味鲜美，潮汕人更喜用盐腌制，再加入酱油、蒜头等配料，用以佐膳。

蟟蛁生于滩涂，泥沙自然少不了，不管怎么吃，都需要先用清水静养一天，或用盐水浸泡几个小时，待其吐净泥沙，再行加工。

炒蟟蛁类似炒薄壳，配料无非蒜头、辣椒、金不换，不过一定要猛火快速炒后出炉，最好先勾兑好调料一起放，否则一旦过火泄水后，肉都找不着了。

听长辈讲，以前个别蟟蛁个头比花蛤还大，常用来煮汤。做法类似车白，可与瓜类同煮，或者煮酸菜汤，出锅撒点芹菜珠。同样要注意的是蟟蛁熟得太快了，随时看好火候，一开壳就熄火，端离火位或直接装碗，否则汤里就只剩一堆壳。

不知是否因为操作难度太大，很少见人拿蟟蛁炒或煮汤，加之现在蟟蛁常见的个头只有红肉大小，只好用来生腌了。张新民先生在《潮菜天下》一书中就提到："潮俗将小刀蛏称为'蟟蛁'，常用盐腌以代园蔬。"

蟟蛁腌制时要注意两点：第一，购买时候要注意选购本地鲜活的青壳蟟蛁，市面上有整箱冷冻的外地蟟蛁，把蟟蛁都冻死了，没法吐沙子，腌制后硌牙没法下口；第二，蟟蛁两片壳的咬合处有一个凸起，俗称为

腌蟟蛁（摄影：韩荣华）

“鼻”，腌制前最好将其磨断，否则腌制过程中可能两片壳自动打开，导致肉长时间裸露在酱油里面，吃起来太咸。

2007年，蔡澜先生来到汕头拍摄美食节目《蔡澜逛菜栏》第二集“汕头篇”的时候，曾经摆出100碟杂咸来配白粥，其中就有蟟蛁。蔡先生还在节目里演示了蟟蛁的吃法，双手捏住蟟蛁，将其上下壳往相反方向轻轻一推，蟟蛁的肉就呈露出来了，仿佛是打开大海味道的一个机关，充满仪式感。讲究卫生者也可以不用手，放嘴里用上排牙齿向内压住上壳，舌头往外推下壳，同样可以轻易去壳得食。

潮汕俗语“狐狸勿笑猫，尻仓平平皱”（屁股一样皱），在海陆丰一带有另一种说法：“狐狸免笑猫，蟟蛁免笑跳（花跳鱼），同样尾翘翘。”讽刺同类相讥。

咸薄壳

薄壳旧称为“蛔”，学名“寻氏肌蛤”，分布于中国东南沿海。尽管吃薄壳的群体以潮汕人为主，但其实从福建南部到深圳附近海域均有养殖。薄壳在海底簇生成团，一粒粒咬缀在“薄壳碇”上，如葡萄般一串一串的。吃薄壳最讲究一个“鲜”字，以前都是活薄壳连着沾满泥沙的薄壳碇整串一起卖的。买回家后，还得自个儿一粒粒摘下来，洗净拣好，略浸盐水去除泥沙就可以炒来吃。

潮汕人炒薄壳，有一样必不可少的香草配料叫“金不换”，金不换是罗勒的一种，有着浓烈的异香，与薄壳可谓天作之合。旧时潮汕几乎家家户户都要种一棵金不换等着炒薄壳用，而今更是夸张到田园里批量栽种，卖薄壳的默认配送了。

洗薄壳（摄影：韩荣华）

油锅热好，蒜蓉爆香，然后薄壳倒入，由于壳薄，落鼎即开，放一勺普宁豆酱拌匀，撒入金不换略炒一下就可以起锅了。如果炉火够旺，一分钟就可以炒熟。爱吃辣的切一个辣椒，放薄壳前和蒜蓉一块儿爆一下油，也可在放薄壳后撒

咸薄壳（摄影：陈斯鑫）

一包沙茶末，便可去腥增味。薄壳的鲜味配合金不换的异香，那味道能让人吃上瘾，一个接一个，根本停不下来。

潮谚有云：“夜昏东，眠起北；牵罾鱼，鲜薄壳。”夏末秋初是薄壳最当时的季节，此时薄壳最是“大粒红”。旧时逢夏秋时节，潮汕人喜欢把饭桌搬到门口或院子里，边纳凉边吃晚餐，傍晚时分，倘若从巷子走过，保准能见到每家饭桌上高高的薄壳堆。

把薄壳打成薄壳米，直接吃鲜甜，炒着吃鲜香。此外，薄壳还可以做薄壳芋、薄壳烙、薄壳粥、薄壳汤，等等，澄海盐鸿一些餐厅甚至开发出整桌薄壳宴来。

潮汕海岸线绵长，有的是薄壳，有的是盐。鲜薄壳整串连碇加盐腌制后，便是咸薄壳了，吃的时候再洗净。咸薄壳咬开，绵软黏糊，鲜咸隽永，但由于咸度太高，容易齁着，好在潮人喜食白糜，一粒咸薄壳一碗糜，恰好相配。咸薄壳经济节俭，又经久不坏，自然成为潮汕家庭必备杂咸。从前人穷没菜下饭，有位乡人用八粒咸薄壳配一顿饭，至今成为民间流传的笑话。而更穷的吃法是，咸薄壳吃完，将饱含泥沙的薄壳碇加水煮沸，然后澄清，凉却后把上面一层汤水滤出来当鱼露用。

咸薄壳还有一个高大上的名字，叫“凤眼鲑”。要解释这个名称，就需要了解“珍珠糜与凤眼鲑”的故事了。传说古时候有个皇帝流落到潮汕地区，找不到东西吃，饥饿难耐，一位老阿姆用大麦粥配咸薄壳招待他，皇帝吃后觉得很赞，便询问所食是何物。由于大麦状如珍珠，薄壳形似凤

腌制久的咸薄壳会呈现出黏稠的“鲑”质（摄影：韩荣华）

眼，老姆便随口说了句“珍珠糜配凤眼鲑”。至于皇帝是谁？至少有唐宣宗李忱、宋少帝赵昺、明武宗朱厚照三个版本，但无论是哪一个，都经不起推敲。显然，和众多民间传说一样，这个故事也存在着拼接和杜撰，但一点也不影响潮汕人对咸薄壳的喜爱。即便是平时吃白糜配咸薄壳，潮汕人也会半得意半自嘲地说“食珍珠糜配凤眼鲑”。

咸红肉

红肉学名“红肉河篮蛤”，被认为是潮汕地区特有的贝类。红肉壳呈米白色，个头比薄壳略小，生长于河溪出海口，粗生贱养，繁殖能力强，过去退潮时赤足在滩涂游走，或是涨潮时在海里泡澡，经常都会踩到。

这种贝类喜欢栖息在潮间带或浅海泥质海底。在榕江口至韩江口一带，饶平的海山岛至澄海的莱芜岛北侧一带海域，栖息密度高达每平方米2000多个。

从《潮海水族大观》的描述看来，红肉生长的密集程度，令人叹为观止。

渔民用蚬耙在滩涂上耙便可以轻松捕获许多，养殖户用来喂鸭、喂对虾、喂鳗鱼，或者喂青蟹。牛田洋的青蟹好吃，离不开这种高品质的天然饲料。蟹农每天要把小船划到蟹塘中央，载着一袋袋新鲜的红肉，拿个小盆子把满盆的红肉用力向各个方向抛撒，随着一个个涟漪交叠泛开，潜伏在水塘底下的青蟹便出来觅食。

红肉的吃法与薄壳相仿，可以炒金不换或炒姜葱，但因为味道不如薄

咸红肉（摄影：韩荣华）

壳鲜甜，且多沙子，较少用来烹煮，多用来腌制咸红肉。《潮汕食俗》对咸红肉介绍比较客观：

薄壳和红肉的腌制，主要是产地的农民或渔民盐腌后挑上街叫卖或摆在市场上贩卖，这种重盐浓咸的老方法腌制出来的腌品，口感不佳，顾客少有问津。家庭对这两种贝壳也缺少食兴，极少有自己腌制。

咸红肉的腌制方法跟薄壳一样，直接用海盐干腌，腌够时间洗净就可以吃。红肉两片外壳并不对称，大壳包着小壳，比较难咬开，吃起来有海水味，潮汕话说“咸腺咸腺”。这种浓烈的“海化味”并不讨喜，故而少有人家自己腌制，多数是杂咸铺做好来卖。

想要吃得快活一些，只好吃红肉米了。大锅煮沸水倒入红肉，一经烫熟壳肉分离，红肉壳重沉入水底，捞起浮在水面上的红肉米，盛放在竹筛子上沥干，冷却后便可销售。市场上通常是蚬米和红肉米一起卖，识别的关键点在于蚬米相对饱满，红肉米相对干瘪。究其原因，可能跟红肉生活于咸淡水交界之处有关，另外为了保质，红肉米打出来以后往往还会加盐调味，变成脱水的状态。

红肉米买回来后，可直接配白粥吃，讲究些可用咸菜汁漂洗，再拌酱油或普宁豆酱。红肉米用来炒韭菜花或者葱段，是一道美味的家常小菜，用来煎蛋或者炒饭也可以增香提鲜。由于本身的咸度，炒红肉米可以不用放盐。不过为了去沙，建议用清水漂洗后改用鱼露调味。

由于红肉既可食用，又可作饲料，有一定经济价值，本地也有人养殖红肉。据出版于1994年的《潮汕百科全书》记载：

潮汕养殖红肉已有100多年的历史。1953年汕头港内红肉养殖面积3.1万亩，产量5859吨……红肉苗经2—3个月的养殖便可收获，亩产可达2—3吨。

今汕头市龙湖区版图上，靠近外砂河出海口处标有“红肉埕”的地名。据龙湖区大兴村青年文史学者特峰先生介绍，红肉埕因过去盛产红肉，故名。清同治年间，潮州总兵方耀到外砂清乡，海滨地带的红肉埕被方耀充公。光绪年间方耀倡建潮州金山书院，将红肉埕作为该书院校产，外砂王厝和谢厝向金山书院承租田地耕种，王厝和谢厝的子孙便是今天的坝头人和新溪人，故而现今的红肉埕一部分属于龙湖区新溪镇，一部分属于澄海区坝头镇南港和洲畔的飞地。

因了这层关系，小小的红肉，也算跟读书人沾上边了。

虾苗鲑

在南澳岛上，流传着“万头牲”的传说：

从前有一位大叔，为人幽默、爱开玩笑，由于潮汕话里面形容一个人会讲笑话，说“会经呆（读音ngai[2]）”，久而久之这位大叔就有了个外号叫“呆叔”。

岛上有一座海神庙，庙里的海神老爷虽然神通广大，却十分贪心，祭拜的时候谁许诺还愿的供品多，他就保佑谁。如果许诺还愿的供品少，他就不管人家死活。

这一天，“呆叔”来到庙里，烧香之后祷告说话，许诺只要保佑他今年渔获丰收，年底就带“万头牲”前来祭拜。海神老爷听后高兴得不得了，只听说过三牲、五牲，从未听过“万头牲”，究竟什么是“万头牲”呢，海神老爷充满好奇和期待。于是，这一年海神老爷大发神功，保佑“呆叔”顺风顺水，渔获满满。

好不容易到了年底，“呆叔”终于来还愿了，只见他背着一个大袋子，点了三根香拜了拜，打开袋口一看，却是一袋苗虾，里面少说也有上万只小虾。海神老爷看到后虽然大失所望，却也无话可说。

这个传说从侧面告诉我们一个事实——南澳海域盛产苗虾。苗虾是南澳人的习惯说法，潮汕其他地区一般说虾苗，实际上指的是毛虾，由于个头特别小，体长只有三四厘米，白色透明，看上去没什么肉，晒干后好像只有一层皮，北方人也叫其“虾皮”。

开车经过南澳大桥中间，会看到一座小村子大小的岛屿——凤屿。每年大约从端午节后到中秋节前后，附近饶平海山的渔民就会到岛上，搭建简易的寮棚定居，主要作业就是捕捉苗虾。待到苗虾汛期过后，他们又重新返回家乡去。

渔民就在近海的地方开小船细网作业，捕来的苗虾挑到岛上，用极细密的丝网铺于岛上的平地，倒苗虾下去，拣去其他杂物，摊平曝晒。天气好的话，早上捕来的苗虾，晒到晚上就可以收了。

苗虾虽然是小得不能再小的海鲜，却富含蛋白质、钙、磷等营养元素，其应用十分广泛。最常见的是煮紫菜汤，撒一把虾苗干，鲜味便能提升许多，以至于本地生产的一些速食紫菜包，都要加上一小包虾苗干。家常蒸豆腐、蒸角瓜、蒸水蛋，都可以撒点虾苗干。煎鸡蛋拌入虾苗干，既能增添鲜香味，又能丰富口感。潮汕人炒香饭，也喜欢放点虾苗，而炒好的香饭还可以作为红桃粿等粿品的馅料。虾苗甚至还作为原材料加入到潮汕沙茶酱的制作当中。

除了晒干，虾苗还有一种做法，就是腌制成虾苗鲑（虾酱）。虾苗晒干表面水分之后，加重盐腌制，有太阳的时候整罐曝晒，虾苗经过发酵逐渐糜烂成酱。二三十天后，“鲑香”上来就可以食用了。这时候打开盖子，臭气熏人，用来炒菜，却有奇鲜异香。经典的“虾酱炒蕹菜”不只是潮菜独有，广府菜、海南菜、东南亚菜中都有。

因而除了家庭腌制，沿海地区也有专业生产虾酱者。据《南澳县志》

虾酱（摄影：韩荣华）

记载，改革开放之后虾酱类产品有“后宅镇西山水产加工厂生产的‘虾膏调味盐’……云澳饼社生产的‘虾酱膏’”。

过去虾苗鲑曾经被当作“鱼塗”（制作鱼露剩下的残渣）用来喂猪，因为以前喂猪所用的猪羹多数由番薯叶、厚合菜之类熬成，“白饕无味”，猪不爱吃，只要加一点虾苗鲑，让猪尝到咸腥味，立马胃口大开，大口吃食，可等到虾苗鲑吃完，又停下来不吃。虾苗鲑的美味，人尚且嗜之，更何况猪。

公鱼鲑

小公鱼，潮汕话读为“江鱼”，鳀科小公鱼属的尖吻公鱼。体形偏扁，身上有一条银白色带。一般只有六七厘米长，筷子粗细，个头大的可达十二三厘米，有手指粗，肚子上的鱼鳔清晰可见，故而有句潮汕俗语：“公鱼细细亦有鳔。”潮汕美食作家张新民老师曾经在其著作中解释过这句俗语的两层意思：

一是说公鱼虽小，却也五脏俱全，当然包括了鱼鳔这种重要的器官；二是将鳔比拟为志气，表明自己虽然细小卑微但志气未敢泯灭，绝不甘愿任人欺凌鱼肉。

公鱼一般生活在河流下游到出海口，欧瑞木先生在《潮海水族大观》中介绍了潮汕人捕捉公鱼的方法：

昔日的桁艚作业，就全部以捕小公鱼为主要对象，南澳岛的中柱村、澄海的南山村、饶平的港西村，都是以捕小公鱼而闻名的。至于浮拖网、车缯、海南人的灯光四角吊缯，也是以小公鱼为主要捕捞对象。

公鱼肉质软嫩，有黄瓜般的清甜，难怪欧瑞木先生说：

小公鱼，其肉质白皙、味道鲜甜可口，潮汕人早、中餐桌上，习惯地让它占有了重要位置，是沿海百姓日常食用鱼类。

公鱼最简单的做法就是直接抹盐煮成鱼饭，潮汕乡间的杂咸铺时常将其和同为鳀鱼科的鱙鱼饭一起售卖。蔡澜先生在其著作《蔡澜食材字典3》中对公鱼饭称赞有加：

最原始的做法是鱼饭，用盐水煮了，等风吹干，整条放进口细嚼，又咸又香，潮州人最喜欢拿来送粥。

过去一些潮汕家庭也用公鱼来煮粥，或是抹盐后用贴杂鱼鼎的方法放炒锅里贴熟。《潮汕百科全书》也记录了公鱼的各种做法和功效：

公鱼新鲜烹食味极鲜美。潮汕民间有用新鲜公鱼加米醋姜丝烹食，可健身通乳，产妇常吃能增加乳汁。煮成“公鱼饭”是城乡人们佐膳佳品，也有晒成公鱼脯销往山区内地。

按照1992年版《澄海县志》所称的每年400吨的捕获量，一个城市要消化掉这么多公鱼并不容易。由于公鱼容易腐烂，不便运输，能想到的办法，一个是腌制成咸鱼，一个是晒成鱼干。

1/2

1. 鲜腌咸公鱼（摄影：陈斯鑫）
2. 油炸公鱼仔（摄影：韩荣华）

经过海盐腌制的公鱼全身透明，只看得清鱼眼睛和身上一条银带。装在陶罐里，想吃多少就取多少，脱盐后蘸白醋吃，或者将蒜苗切碎后拌着吃。直到最后鱼身完全腐烂，发酵后变成鲑酱，就把公鱼鲑当鱼露，用来炒豆角、炒苋菜、炒茄子，尤其鲜美咸香。

现在直接食用的咸公鱼，多是用酱油，加蒜蓉、辣椒、芫荽、蒜仔、姜蓉等一起腌制。

晒成公鱼干可以保存许久，用来煮萝卜汤，或者蒸豆腐，蒸角瓜都合适，不过公鱼干有苦味，煮的时候最好连头带肚一起剪掉。也可以整条油炸了下酒。据《南澳县志》记载，中华人民共和国成立后南澳县水产供销公司生产的各种鱼虾制品中就有小公鱼干。

《世说新语》收录了陶公“坩鲊饷母”的故事，说的是陶侃年轻时曾在一个掌管捕鱼的机构当一名小吏，有一次托人给母亲捎去一陶罐咸鱼，谁知其母亲非但没有收下，还写信让使者带回去教育陶侃说：“你作为公务员，拿公家的东西来给我吃，不但没有好处，还会增加我的忧虑。”假若陶公当年所在的机构一年能够捕获400吨鱼，那么“坩鲊饷母”也就情有可原了。

苦臊鲑

雨落落，阿公去栅箔。栅着鲤鱼共“苦初”。

阿公哩爱卖，阿婆哩爱炣。二人相拍相挽毛。

……

大概每个潮汕奴仔都听过这则童谣，尽管在潮汕不同片区传唱的版本有所不同，但前面的“鲤鱼”和“苦初”却是一致的。鲤鱼大家好理解，就是潮汕人俗称的鲤姑，而“苦初”对于年轻人来说可能比较陌生，过去它是潮汕地区最常见的野生淡水鱼之一，常常成群浮游于河溪沟渠水面，无论是栅箔、戽鱼、牵罾、放笱、手钓，都可轻松捕获。

严格来讲，“苦初”应写为“苦臊”，由于“初”与“臊”同音，故俗写为“苦初”。也有取其义写成“苦腥”者，则把“腥”读为“臊”了，顾名思义，这种鱼又苦又腥。

以前有则潮汕灯谜，“万事开头难”猜土音鱼名，谜底便是“苦初”。《潮汕鱼名歌》中也有提及：

三月人踏青，花乖大肚好过家。乌跳生孬卜卜跳，苦初轻浮假食斋。

苦臊鱼，今常写作白条、餐条，李时珍在《本草纲目》中写为“鲦鱼”：

鲦，条也。鮤，粲也。䱥，囚也。条，其状也。粲，其色也。囚，其性也。

“条”指其瘦小条形；“粲”即白色鲜明之意；“囚”即“泅”，指经常游动。该条目的“集解”对其性状描述得非常清楚：

鲦，生江湖中小鱼也。长仅数寸，形狭而扁，状如柳叶，鳞细而整，洁白可爱，性好群游。

鲦鱼在全国各地广泛分布，北宋彭延年居住在揭阳官溪期间，留下了五首《浦口庄舍》（一作《浦口村居好》）组诗，其中一首就提到鲦鱼：

浦口村居好，盘飧勤辄成。
莼肥真水宝，鲦滑是泥精。
午困虾堪脍，朝醒蚬可羹。
终年无一费，贫活足安生。

在潮汕乡间的河溪或池塘，最容易钓到的就是苦臊鱼。在澄海的溪南流传一句歌谣：“钓鱼钓苦臊，钓到大陇乜物无。”

苦臊鱼家常的做法，无非是炣酱油豆豉，或者炣酸菜、炣豆酱。吃不完的苦臊鱼，用粗盐腌成苦臊鲑，配白粥慢慢吃。

苦臊鲑（摄影：韩荣华）

在潮阳、潮南民间流传着一句俗语："县顶癞哥，乡下苦臊。"意思是县城比较富裕可以吃癞哥鱼（俗写作"那哥"），乡下没钱只好吃苦臊鱼了。尽管今天看来，不管是海里的癞哥鱼，还是淡水的苦臊鱼，都不是高档次的好鱼，然而恰恰是这种草根的食材保留着潮汕人共同的记忆和广泛的共鸣。

潮阳人习惯在腌制的苦臊鲑里加入白酒，让其浸泡发酵，3年以后再拿出来食用。上了年份的苦臊鲑，在酒精的作用下腥味退散，只留下醇香，吃后可以消风养胃。苦臊鱼的这种功效在《本草纲目》的"鲦鱼"条目中有相应的描述：

气味：甘，温，无毒。主治：煮食，已忧暖胃，止冷泻。

过去小孩子如果肠胃反酸、恶心想呕，老人家就会用苦臊鲑酱拌饭给小孩吃。潮阳当地妇女坐月子，也喜欢用苦臊鱼酱炒苦臊饭吃。

而今苦臊炒饭成了潮阳当地的特色小吃，做法是先把芥蓝、肉片和鸡蛋等炒熟，加入苦臊鲑酱汁调味，再拌入米饭同炒，炒出来滑嘴却不油腻，苦中带甘，还有明显的鲜香味，风味十分独特，配一碗炖鸡汤或者炖鸟汤，一不小心就会吃撑。

潮阳和平镇的苦臊鲑汁炒饭(摄影:陈斯鑫)

庄子曰:“鲦鱼出游从容,是鱼之乐也。”惠子曰:“子非鱼,安知鱼之乐?”

《庄子》中这个著名的典故提到的鲦鱼,就是苦臊鱼。那么有没有一种可能,我们觉得苦臊鱼很苦,而其实它很快乐呢?

猴染鲑

潮汕话“虾蛄蠘蛸”的“蛸”（此处潮音读“ciao[8]”），泛指各种带有海螵蛸的软体动物，常见的就是鱿鱼（枪乌贼）和墨斗（乌贼）两类。墨斗的蛸骨又硬又厚，十分明显，甚至专门用来制药，而鱿鱼的蛸骨则退化成一层透明薄膜了。

并非所有的枪乌贼都叫鱿鱼，在潮汕人的习惯称呼中，个头够大的才叫鱿鱼，小的通常叫“猴染”。“猴染”读如“厚弥”，明代屠本畯的《闽中海错疏》有“猴染”的记录，故袭用其写法。也有“吊桶”“小管”“染仔”等叫法。鱿鱼趋光，渔民多用灯光诱捕，潮汕话把泡妞形容为“钓染”，实际操作中，大鱿鱼才用钓，猴染用网捞就可以了。

鲜活的猴染浑身布满闪闪发亮的斑点，时隐时现，玲珑可爱。用来做刺身，肉质胶糯，鲜甜微腻，最好蘸一蘸酱油芥末，否则太上头。

白灼的话，去肚后整条下水煮，火候视食材大小而定，一般5分钟以内即可，切圈拌芫荽摆盘，蘸酱油芥末、三渗酱、橘油皆可，吃起来鲜甜爽口。南澳岛的白灼活“染仔”，连墨胆都不去除，一个刚好一口（俗称“一口管”），咬下去满嘴乌黑，那鲜度却让人停不了嘴，连呼过瘾。

猴染用盐水煮熟后冷却，称作“猴染饭”。繁殖期的猴染满肚是膏，俗称“膏鱿”，最适合做猴染饭，蘸上芥末酱油，吃起来口感饱足，味道鲜香，下酒最好。

油泡鱿鱼虽然是名菜，但每次要用到两斤油，家庭操作诸多不便，更适合酒楼饭店。一般家庭还是炒的多，常见的炒法有：炒韭菜、炒酸菜、炒西芹、炒荷兰豆、炒西兰花等等。猴染剖开后去除蛸片墨胆，洗净后用刀来回斜刻（受热后状如麦穗，俗称“麦穗花刀”），油锅热后倒入猴染爆炒，吃透油后放配菜，加盐调味后，煮熟即可起锅。

潮汕部分地区还有猴染糜、猴染糯米饭等小吃，而最匪夷所思的要数“猴染鲑”了。以前吃不完的猴染，会用盐腌起来，俗称“猴染鲑”。猴染鲑的腌制比其他鲑类要花功夫，潮汕美食家张新民老师就曾在《虾苗醢》一文中讲述过腌制“猴染鲑”（原文写作“厚尔醢”）的技术要点：

在腌制过程中需要分次加盐日晒，如果一次将盐加足，厚尔醢就会变得死咸，吃起来如嚼破布，也没有那种独特的醢香。

猴染鲑（摄影：韩荣华）

澄海外埔鱼露研习会创办人杨关华先生则表示，腌制猴染鲑的关键在于日晒。传统做法按大约一斤猴染三两半海盐的比例，装陶缸里，封口用粗盐压实，再铺一层竹垫子，上面压一块石头，目的是防止发酵后膨胀，导致空气进入，使得猴染氧化变质。以前要整罐晒500天以上，充分发酵后的猴染鲑才有鲜甜细腻的鲑香味，且嚼起来爽口。如果遇到口感韧如破布且味道齁咸的猴染鲑，很可能是腌制时间不够的缘故。而今用玻璃罐装，透光性较好，腌制时间可以缩短到400天左右。

腌制好的猴染鲑又咸又腥，混杂着发酵后的鲜甜味，老辈人嗜之，后生避之唯恐不及，而今一些杂咸铺还有卖。通常会切碎之后，拌一点姜蓉就白粥吃。由于齁咸，半个小猴染鲑足以配三碗白糜。如此重口味的东西，用来炒茄子、炒豆角、炒苋菜之类的菜蔬，却效果奇佳。

汕尾人做猴染鲑，连墨胆一起腌制，喜欢剁碎之后蒸肉饼或者蒸蛋，做出来黑乎乎的，味道却出乎意料地鲜香。

猴染做法，基本也适用于鱿鱼，只是鱿鱼个头大，切的时候除了用麦穗花刀斜切外，最好每隔3厘米切断一个三角形，一来易入味，二来卖相好。然而比起鲜鱿，对潮汕人来说，鱿鱼脯（即鱿鱼干）才是鱿鱼最好的状态。鲜鱿剖开，去除内脏后，整个晾晒至水分尽失，便是鱿鱼脯，既方便运输，又耐久藏，而且别具风味。南澳后宅镇生产的宅鱿，是全球最好的鱿鱼干之一，有着鲜鱿鱼难以比拟的脯味，煮汤、煮粥皆是美味，当然也可以水发后再炒。

有意思的是，南澳人晒鱿鱼的时候把鱿鱼卵取下来，单独用盐腌制，称为“鱿鱼膏”，用来蒸豆腐、蒸蛋，其鲜味比鱿鱼鲑有过之而无不及。

咸带鱼

带鱼在中国沿海各地均有分布，天冷游到南方过冬，天热游到北方避暑，各地渔汛便依此而定。在潮汕，正月的带鱼最为肥美，《南澳鱼名歌》第一句便是“正月带鱼来看灯”，其他地方也有“元宵月正明，带鱼来看灯”的渔谚。邻近的福建东山岛也是著名的带鱼产地，有一首潮汕话唱的祖国物产歌，其中便有“东山出名东山带，条条肥到无肚脐”的唱词。“你知乜鱼好缮腰……我知带鱼好缮腰。”《汕尾渔歌》则形容其鱼身又长又扁，开玩笑说可以当皮带用。

平时生活在深海的带鱼，有时为了逐食会游到浅海，甚至来到岸边。渔民大宗捕捞以拖网为主，也可以海钓，旧时近海“答缉”（一种脚踩高跷，手持竹竿渔网的捕鱼方式）都能捕获。由于适应不了从深海水压到大气压力的骤然变化，带鱼一出水面就“见光死”，因而市面上见到的多是冰鲜带鱼或是咸带鱼。不过只要货源可靠，新鲜度还是有保障的，饶平海山一带捕获的带鱼，上岸前都还是活的。

清代聂璜的《海错图》认为一次可同时钓到两三条带鱼，原因是一条带鱼上钩了，另一条会咬住它尾巴相救，这种解释有点想当然了。带鱼喜欢排队不假，但别忘了带鱼还有同类相食的习惯，咬住尾巴可能不是在相救，而是在自相残杀也未可知。

潮汕地区的带鱼根据品种和大小又有白带鱼、青鬃、油鬃仔、带粉丝等叫法，大小不同，做法也略有不同，挑选食材时，五六厘米宽的带鱼比较适中，煎、煮、焖、烧皆适宜。

香煎带鱼需先切段洗净后加盐腌制，然后拭干水分待用。起油锅下姜片爆香，放入带鱼块，先大火定型，再转小火煎至一面金黄，翻过来用同样方法把另一面煎好，便可熄火起锅。看上去金银相称，吃起来酥软焦香。

宽度超过8厘米的大带鱼，肉身厚，难以煎透，适合焖。带鱼焖蒜是再寻常不过的潮汕家常菜，腌制时间长短视鱼大小而定，一般需要3小时以上，大条的腌隔夜再煎，煎毕控油沥干。另起锅热油，下姜片、蒜头爆香，煎好的带鱼一并入锅，加水没过鱼身焖煮，最后放蒜叶焖至收汁即可。

带粉丝又小又薄，切段后直接入锅，切点姜丝，加水煮沸，放点油和普宁豆酱调味，起锅前撒两根小芹菜便十分鲜美。

拖网捕获的带鱼鱼皮多有划痕，垂钓的带鱼保存完好，银光闪闪，鲜艳夺目。这层银白色的鱼皮，有人说是腥味所在，必须刮掉；有人说是营养精髓，必须保留。需要提醒的是，白带鱼皮几乎是所有海鲜里面嘌呤最高的，吃与不吃根据各人体质自己把握便是。

带鱼作为杂咸，常见的有咸煎和油浸两种做法。

旧时每逢渔获汛期，带鱼吃不完，便一条条盘在缶钵里，用大量海盐腌制后慢慢吃。海盐腌制起到保鲜作用，咸带鱼可以长途运输，过去很长时间里咸带鱼是内陆地区能吃到的少数海鱼之一。煎咸带鱼一定要足够咸

香煎咸带鱼（摄影：韩荣华）

才够香，配粥一流，一条咸带鱼配粥能吃许久。

带鱼切块，用粗盐腌制隔夜，冲洗掉盐分之后，用厨房纸吸干水分，起油锅，油温够热就转中火，放入鱼块炸至金黄，捞起沥干。锅里剩油过滤掉残渣，加入姜葱等辟腥，炸出香味后捞起。等冷却后，带鱼块装罐，最后倒入油没过鱼肉，即可密封久存，随取随吃。油浸带鱼不会太咸，肉质紧实，鱼骨松软，油香耐嚼，配饭就粥下酒均可，甚至可以直接当零食吃。

油浸鳘鱼

清代学者郝懿行在其著作《海错》中写道：

鳘鱼巨口细鳞，大者长四尺许，鳞肉纯白。渔人或呼白米子，米，鳘声转耳。作脍、下汤，及蒸、煮皆可啖之。此鱼之美乃在于鳔。梓人制器黏缀合缝胜于用胶，谓之鱼鳔，实此鱼腹中之胰也。

说明国人对于鳘鱼鳔的价值自古以来已有认知。

对于鳘鱼鳔，潮汕民间认为其对治疗产后血崩、术后伤口愈合等有奇效。过去许多家庭都会备一个鱼胶，以备不时之需。至于是否奏效，出版于2010年的《鱼胶赏谈》一书列举了汕头地区医院诸多临床治疗案例。

潮汕人常说的“鳘鱼”，其实包含好几个鱼种。第一种是金钱鳘，即鲈形目石首鱼科的黄唇鱼，金钱鳘鱼鳔制成的鱼胶最为昂贵，也是药用价值最高的鱼胶，然而上个世纪的过度捕捞导致金钱鳘十分稀缺，现在已经被列入国家一级保护动物，无论活鱼还是鱼胶都禁止交易了；第二种是赤嘴鳘，细分的话包括褐毛鲿和双棘毛鲿，其鱼鳔做出来的鱼胶，厚实饱嘴、爽脆弹韧，具有极高的食用价值，是潮菜的顶级食材；第三种俗称土鳘鱼，又写作“鮸鱼”，北方称为“米鱼”，体形较小，鱼肉和鱼胶并用，民间流传着“有钱吃鮸，没钱免吃”的说法。

过去潮汕渔民并没有专门捕捉或养殖鳘鱼者。鳘鱼只和其他鱼类一起

1951年惠来县渔民在晒咸鱼（摄影：韩志光）

捕捉，偶尔收获，则把鱼胶取出来，洗净晒干保存。潮汕家庭，鱼胶也只当作药膳食补，一般炖冰糖吃。

随着改革开放的深入，港商在潮汕地区投资贸易，往来频繁，把香港人用花胶做菜的习惯带到了汕头。昂贵的鱼胶让渔民看到商机，20世纪90年代末期，作为食用鱼胶的最佳母体，鳘鱼的养殖开始在潮汕地区推广开来。

2016年，受寒流侵袭，潮汕的南澳岛、饶平县等地就发生过大量鮸鱼被冻死的情况，导致养殖户损失惨重。当时的媒体还一度呼吁市民购买鮸鱼肉，帮助渔民渡过难关。

鳘鱼肉质粗糙，口感偏柴，过去在潮汕不为渔民所重视。美食家张新民老师在《鱼肚非肚》一文中写过：

鳘鱼的鱼鳔虽是胶中上品，但鱼肉却腥淡无味。在渔业生产队的年代，一些觉悟不高的渔民为了私吞鱼胶，会将取胶后的鳘鱼推落海里，因此市面上很难见到卖鳘鱼肉的。

过去渔民只是把鳘鱼剖开两边，用粗盐腌制后晒干。吃时切下一块，再加点姜丝一起蒸熟，配粥或者下饭。

油浸咸鱼的做法，大概等到21世纪初才兴起，一来这时候的养殖鳘鱼

油浸鳘鱼（摄影：韩荣华）

开始上市，取胶后的鳘鱼肉大量流入市场；二来用到大量的食用油，在过去看来是很浪费的事，现在普遍消费得起了，就像麻叶、番薯叶等比较吃油的蔬菜现在会流行是一样的道理。

鮸鱼刮去鳞片，洗净后起肉，再切成边长约2厘米的粒状，用粗盐和花椒等香料腌制隔夜，洗去盐分之后沥干水分。起油锅，放入鱼块炸至外表焦黄，捞起沥干，冷却备用。油锅加入蒜片和葱段，炸出香味后熄火，撩去葱蒜残渣，冷却备用。炸好的鱼块装罐，倒入葱蒜香油至没过鱼块为止，密封保存，随取随吃。

油浸鮸鱼肉呈蒜瓣形，肉质紧实，坚韧耐嚼，咸润鲜香，不是肉却能吃出肉香，配白粥吃，令人大快朵颐。

这种做法同样适用于马鲛鱼、大石斑、扁舵鲣、巴浪鱼等肉质粗糙结实又没有小刺的鱼种。

海边人还会将鮸鱼的鱼鳞收集起来，洗干净后晒干，遇有小儿咳嗽，就拿出来煮水或炖汤给他喝。

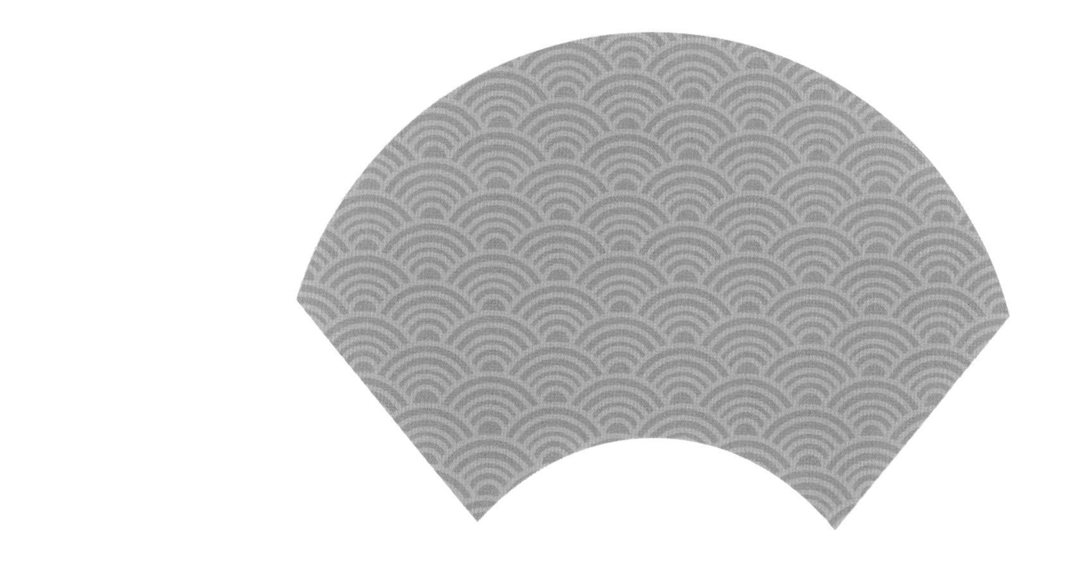

其他

咸鸭蛋

鸭是水禽，过去潮汕地区常见养殖在池塘边、江河边，以及靠近出海口的滩涂。乡村野外，时常可见成百上千只麻鸭在河溪里游泳，在收割后的田野上寻找遗落的稻穗，在海边红树林下的滩涂上啄食红肉等小贝类。

放鸭的同时，可别忘了捡鸭蛋。鸭子不像家养的母鸡认窝下蛋，于是需要眼观四方，大凡鸭子走过的地方都不能错过。养在海边的，有时候还要撑小竹排到红树林底下去捡鸭蛋。

鸭蛋一般煎着吃，或与其他食材同煎。如潮汕著名小吃蚝烙，有人就认为加鸭蛋比鸡蛋好。又如传统手工菜“石榴鸡”的外皮，需用鸭蛋清方能煎得薄且完整。

鸭蛋更为大宗的吃法是用来腌制咸鸭蛋。用来腌制的鸭蛋必须新鲜，因为鸭子生活的环境比较潮湿，不够新鲜的鸭蛋容易出现蛋黄腐败贴壳、散仁等状况，这种“坏蛋”拿去腌制的话，白费工不说，卖出去还会被投诉。所以一定要严格挑选，传统的方法是通过灯光照射来挑选。现在一些大型工厂已经采用机器对鸭蛋进行色差分选、自动检测。

潮汕家庭的腌制方法比较简单，煮一锅盐水，冷却后把鸭蛋放进去

咸鸭蛋（摄影：韩荣华）

浸泡，需要40来天。讲究一点的人家，则用红泥和盐腌制，盐跟土的比例各不相同，混合之后包裹于蛋壳外面，腌制时长夏天大约30天，冬天要40天。吃的时候再拿出来煠熟。

在物资贫乏的年代，很多潮汕人的早餐都是白粥配点菜脯、咸菜，甚至“淋豉油”，要是有个咸蛋吃，简直不要太解馋！

咸鸭蛋好吃，早被汪曾祺先生在《故乡的食物·端午的鸭蛋》一文中写到极致了：

高邮咸蛋的特点是质细而油多。蛋白柔嫩，不似别处的发干、发粉，入口如嚼石灰。油多尤为别处所不及。鸭蛋的吃法，如袁子才所说，带壳切开，是一种，那是席间待客的办法。平常食用，一般都是敲破“空头”用筷子挖着吃。筷子头一扎下去，吱——红油就冒出来了。高邮咸蛋的黄是通红的。苏北有一道名菜，叫做“朱砂豆腐”，就是用高邮鸭蛋黄炒的豆腐。

潮汕人的吃法，与此相仿。至于咸蛋黄油多的秘密，据汕头市万冠蛋业的创始人黄健羽先生介绍，主要取决于煮咸蛋时的火候。而汪先生提到的“朱砂豆腐”，与潮菜大师林自然先生的“松仁豆腐”有异曲同工之妙。所不同的是林先生不用炒，而是将豆腐蒸熟，淋上鸡油芡汁，再拌入蒸熟碾碎的咸蛋黄，以及炒香的松子，最后撒上葱花，做出来色彩清新亮丽，口感层次丰富。

在潮汕，咸蛋黄入菜常见的还有咸蛋黄茶树菇、咸蛋黄南瓜、咸蛋黄山药、咸蛋黄焗虾，等等。

生的咸鸭蛋也多有应用，敲碎之后取蛋黄，端午节用来包粽子，中秋节用来做月饼，平时烘焙店也可以用来做蛋黄酥。

潮汕俗话“稚鸡植鹅老鸭母”，说的是鸡要吃稚嫩的，鹅要吃成熟的，鸭不仅要吃老的，还要吃母的。下蛋3年后，母鸭生育功能衰退，身材瘦小，潮汕人照样能找到最适合它的烹饪方式。老母鸭卤制后风干，口感更加柔韧有嚼劲，味道更加隽永。风干后的老母鸭手撕后下酒真是绝配，当零食吃也相当过瘾，如今食用“手撕老母鸭”在潮汕已经蔚然成风了。

奇蛋卵

皮蛋潮汕人俗称“奇蛋卵”，民国时期，汕头有一家酒楼在报纸上刊登广告，其噱头就是本酒楼有“奇蛋卵”供应。可见其时皮蛋在汕头仍是稀缺之物。过去吃皮蛋的多是有钱人家的阿舍阿爷，皮蛋大多从安徽芜湖用大龙缸装着运过来潮汕，一缸卖完了，就只能等下一批。

潮汕人自己腌制皮蛋的时间就很晚了。20世纪80年代末期，汕头鸥汀有一位师傅腌制皮蛋售卖，一次做三四十斤。每次腌制后都要在蛋上插上“红花”（即石榴花，潮汕人的吉祥花，用于祈福），借此祈求“老爷保佑”腌制成功。说明这位师傅当时并未完全掌握皮蛋的制作技巧。

皮蛋的起源有多个版本，其中一个版本相传是源自江苏吴江县。吴江一家茶馆的店家习惯将用过的茶叶渣倒入炉灰当中，之前有鸭子在炉灰里下蛋却没被看到，等到发现时已经过了几个月，店家本以为这些鸭蛋已经坏掉了，不承想剥开之后，却发现了富有弹性口感、神奇味道的皮蛋，后来便在此基础上加以改良，腌制皮蛋的方法也慢慢传开了。

皮蛋的腌制方法，著名美食家唐鲁孙先生曾在《酸甜苦辣咸》一书中介绍过：

潮汕人吃皮蛋喜欢撒上白糖（摄影：韩荣华）

皮蛋，北方叫“松花”，古老的皮蛋制造方法是用黏性泥土加稻壳，掺入碱石灰、盐稀释成糊状，把蛋包起来，经过三个月才算大功告成。这时皮蛋剥除外壳，蛋白上隐约呈现松云万状叶茂枝繁，所以称之为松花。

潮汕的做法与此相仿，前期浸泡在加了盐、碱的料水中20来天，捞起来后再裹上掺入卤水的泥巴和粗糠。大约腌制10天后蛋白开始结晶，但此时蛋黄还是生的，完全熟透要60天，才有拉丝溏心的口感。至于形成松花图案，主要是碱性物质穿透蛋壳，和蛋白质中分离出的氨基酸反应生成氨基酸盐，而氨基酸盐不溶于蛋液形成了结晶。

市面上卖的皮蛋往往裹着一层泥糠，不知道的还以为是弄脏了。2005年，有位记者看到路边卖的皮蛋，误以为是蛋放久了蒙上沙尘，于是发了篇稿子质疑蛋的新鲜程度和卫生状况。当时潮汕本地的皮蛋几乎都出自万冠蛋业，而且他们的皮蛋已经通过代理卖到瑞典去。万冠蛋业的负责人黄健羽看到报道之后觉得失之偏颇，于是找到这位记者，跟她说明了情况，看看怎么消除公众的误解，后来这位记者又撰写了一篇题为《汕头小皮蛋“走出”国门闯“大世界”》的文章登报澄清。没想到这篇文章被泰国媒体转载，黄健羽的朋友在泰国看到，还特意带回来一份泰国报纸给他。

成熟的皮蛋蛋皮呈透明深褐色，口感Q弹，蛋黄墨绿色，质感溏心拉丝。少见多怪的外国人把它称为“千年蛋”，哈洛德·马基在《食物与厨艺》一书中花了不少篇幅介绍这种来自中国的“黑暗料理”：

它具有土味与化学味、最浓厚的蛋味、咸而令人麻痹的碱味，还有强烈的硫黄味与氨味。

这种味道使得人们对皮蛋的态度呈现两极分化——或抗拒，或嗜好。

皮蛋可生吃，也可入菜。常见的吃法有凉拌皮蛋、皮蛋瘦肉粥、上汤苋菜（把皮蛋、豆腐切碎和苋菜同煮），等等。

潮汕人吃皮蛋，喜欢切瓣之后撒白糖，当杂咸或者餐前冷盘食用。毗邻汕头的潮州府城，食用皮蛋的时间较早，皮蛋的接受度也更高。潮州方树光师傅就曾制作一道“皮蛋菊花酥”：将皮蛋切角之后，包上菊花叶，再用猪网油包裹，蘸面酱油炸而成。

近来汕头有厂家开发出与皮蛋相关的休闲食品，将鹌鹑皮蛋搭配潮汕醋姜销售，口味颇为绝妙，真正算得上是潮汕人自己的皮蛋了。

鹌鹑皮蛋和糖醋稚姜是绝配（摄影：陈斯鑫）

咸牛铃

“牛铃”是潮汕地区一种咸牛奶的叫法。没吃过或没听过都很正常，即便在潮汕，牛铃也是一种小众的杂咸。大概只有揭阳和饶平部分地区有这种做法。

潮汕话有时候“n”“l”不分，牛铃很可能是揭阳一带“牛奶”一词的音变，因为部分当地人读“铃”字时的声母是“n”而不是“l”。而类似的做法在饶平浮滨则直接叫作“咸牛奶”。

过去潮汕平原养殖的耕牛大多是水牛。乡村常见水牛拴于村口的大榕树下，或是池塘边的苦楝树下，一边悠闲地吃着草，一边甩着尾巴。早春时候，水牛便套上犁耙在水田里忙碌着。到了夏天，水牛喜欢把自己的身子泡在河沟里，露出两个角和一对大大的牛眼睛。

如果养的是母牛，还有机会喝到牛奶。广府人擅长将水牛奶做成创意甜品，比如番禺沙湾的姜撞奶、顺德大良的双皮奶，而在盛产蔗糖的潮汕，人们却把它做成咸牛奶。

潮阳关埠的许建忠老师在菜市场见到有揭阳古溪人来卖牛铃，就买10粒回家试试，他吃完后的评价是“咸过药卤父”。夸张地说，大概一粒牛

“牛铃”是一种咸牛奶（摄影：韩荣华）

铃够全家人配一顿粥的咸度。原本以为这只是为了长期保存的传统配方，没想到陈益群先生的文章《无声牛铃》一语道破了秘密：

牛铃在市场上称重销售，加盐可以使重量大幅增加，所以，大家都采取的是“加盐法”。

不过，在揭阳棉湖售卖的牛铃，做法明显是改淡了来适应现代人的口味，大约一粒可以配两碗白粥。

据许建忠老师介绍，潮阳关埠原来也有一户人家生产牛铃，但产量很不稳定，因为要母牛怀孕后才有哺乳期，然后才有牛奶可以做成牛铃。

母牛生了牛犊之后，奶水充足，往往一头小牛是吃不完的。挤出来的牛奶，如果自家吃不完又卖不出去，就得想办法保存。和其他食物一样，人们会选择用盐来延长牛铃的保质期，不过，在制作过程中起到关键作用的却是白醋。

牛铃的做法是将水牛奶过滤后，隔水炖至水温七八十摄氏度，拿个碗装小半碗白醋，再加入锅里的温水，然后舀一勺子牛奶倒入碗里，快速搅拌让醋和牛奶均匀接触充分反应，热牛奶遇到醋迅速凝固，倒掉碗里的酸水后，按照所需大小捏成块状，再放进饱和盐水中保存。做好的牛铃呈雪白色，像是大个的酒饼或鸭母稔，通常用来配白粥吃。

张新民老师在《奶酪牛铃》一文中称："揭阳牛铃实际上就是一种未经发酵的咸奶酪。"这颇能帮助未吃过的人理解这种食物。牛铃就是一团凝结的奶粉，咬下去从外层剥离化开，除了咸，就是淡淡的奶香味，没有异味，也没有惊喜，用来配粥还算可口。

陈益群先生还提到牛铃的另一种吃法：

我们家的做法是沥干水后用油炒过慢慢吃，每天翻炒一次，越炒越香，最后会变成金黄色的。我个人更喜欢拌着米饭吃，特别下饭，基本上不用别的什么菜。

而在饶平浮滨，人们则用咸牛奶来蒸蛋吃。

2019年，饶平县浮滨镇"大新溪村咸牛奶制作技艺"已经入选潮州市第八批市级非物质文化遗产代表性项目名录。

一粒小小的牛铃，喝着牛奶长大的年轻人可能不屑一顾，而在物资匮乏的年代，富含营养的牛铃可能算得上"奢侈品"，对于远在他乡的潮汕人来说，牛铃就是家乡和童年的味道。

猪肉松

肉松被认为起源于蒙古。传说当年成吉思汗行军时就靠着肉松和奶粉作为干粮，无需生火煮熟，甚至无需下马，只要有水喝就行。这种方便快捷的用餐方式保障了蒙古铁骑的战斗力和灵活性，帮助成吉思汗成就霸业。

当然，蒙古人吃的肉松，用的原材料应该是牛肉或者羊肉。

至于猪肉松的发明，有另外两个故事。一个主角是清末江苏太仓城内的厨师，一个主角是咸丰年间福州盐运使刘步溪的厨师，传说版本大同小异，都是在煮肉的时候误了火候，造成肥瘦脱离，肥肉糜烂，汤汁烧干，无奈之下便把瘦肉拆开炒干水分，直到变成了金黄色绒毛形状，没想到味道竟然香甜可口，后来便有了肉松的专门做法。

潮汕地区大凡卖肉脯、腊肠的腊味店都会卖肉松，甚至杂咸店也有卖肉松者。虽然写作“肉松”，潮汕话通常读为“肉绒”，有时候也写作“肉茸”。

制作肉松的原材料最好选用猪后腿肉，而且需要挑去筋腱、脂肪，只取瘦肉，不能见一丁点白肉，是潮汕腊味当中最费刀工的一种。挑好的

猪肉松（摄影：韩荣华）

瘦肉加酱油卤制约两小时，以肉丝能够分离为度，即可熄火。然后捞起沥干，碾压成丝状，再入炒锅。用最小的火力、最小的力度持续炒制约两小时，再加糖、盐、豉油、酒等调味，继续炒至起松为止。需要特别注意的是，熄火之后仍须继续拌炒至冷却，因为锅底余热仍会将肉松烤出焦味，只要一丁点烧焦，整锅都有“臭火熏”味，如果是自家做的还能勉强凑合吃，对于专门销售的腊味作坊来说，就只能整锅作废了。

传统肉松的口感松软柔韧，带有轻微的嚼劲，味道香甜，秉性温和，老少咸宜，不少潮汕奴仔早餐吃白糜都喜欢配肉松，淋上豉油，再挑食也会变得讨食（潮汕方言，指胃口好）。而且肉松富含蛋白质，是上好的儿童辅食，可以说是潮汕奴仔特有的“杂咸”。

家常炒个香饭、蒸个豆腐也可以放点肉松点缀。市面上卖的肉松大部分是罐装，开罐即食，既可作为办公室下午茶的茶配，也可作为宵夜的下酒菜，甚至还应用到糕饼、面包、披萨、寿司等中外食品的制作当中。

近年流行的酥肉松，制作过程加了一道烘烤程序，肉松烤干水分之后，口感变得酥脆，牙齿一碰肉松便碎化在舌苔上，香甜之外别有一分焦香，容易让人一吃就爱上。而且口味甚多，什么海苔口味、蔬果口味，不一而足，满足不同食客的需要。

除了肉松，潮汕人也做鱼松。清代大诗人袁枚在《随园食单》记录了鱼松的制作方法：

用青鱼、鲜（鲜同鲩，即草鱼）鱼蒸熟，将肉拆下，放油锅中灼之，黄色，加盐花、葱、椒、瓜、姜。冬日封瓶中，可以一月。

潮汕鱼松的做法与此相仿，但食材不拘于淡水鱼还是海鱼，只要肉质足够结实即可。蒸熟拆散的鱼肉，用小火炒到没有水分，往往只加酱油和白糖调味，而不会加“葱、椒、瓜、姜”。

前几年因疫情大家都宅在家里，吃吃喝喝又缺乏运动，几乎都胖了一圈，于是有人出了一则灯谜“身体舒展脂肪积”，猜“潮汕小吃二”，谜底是“肉松”“油堆”，别解为“由于肌肉松弛导致油脂堆积”来扣合谜面，算是开了“肉松”一个玩笑。

猪头粽

很难把猪头粽定义为“杂咸”，因为对于许多人家来说，猪头粽在过去是一种奢侈的食物。但确确实实，不管是以前还是现在，都有人家拿来当早餐配粥吃，姑且当作是有钱人的“杂咸”吧。

猪头粽是澄海特产，潮汕其他地区并不多见。传统制作的原材料是猪头肉和后腿肉，以前用竹壳包裹，有如粽子一般，所以叫“猪头粽”。而今讲究低成本高效益，原材料早已没有了猪头肉，包装也不像粽子，只有名字还一直沿用着。

和许多特色小吃一样，猪头粽的形成，也是出于保存的需要。澄海猪头粽的历史较久，最迟在清朝就有了。传说猪头粽最初是因为猪肉铺的肉卖不完，不得已做成熟食，没想到做出来味道香郁，口感弹韧，大受欢迎，最终变成地方特色的小吃。

做猪头粽较为知名的老店有澄城的“老山合”，樟林的“老喜利”，南洋的“老雷”，隆都的“三正顺”，等等。通常除了猪头粽，它们还会生产肉脯、肉松、灌肠之类的腊味小吃。

“老雷”原来的铺号是“深记号”，据说店主曾经发誓不用死猪肉制作，并在店里供奉雷公像，以示如若“有违誓言，天打雷劈”，结果声名大噪，足见潮汕人自古以来做生意都很讲究诚信。只是久而久之大家都把这家店叫作“老雷”，“深记号”反而不为人知。

每年正月十七澄海冠山赛大猪，由各个姓氏轮流用生猪祭拜，以所供奉生猪的重量越大越光荣。高峰期多达两三百头，轮值到的人家猪肉吃不完，分赠亲友之外，只好做成猪头粽。尽管现在有冰箱可以保鲜，当地至今仍保留做猪头粽的习惯，甚至有直接用猪头模具做成猪头粽去祭拜的。

关于猪头粽的做法，肥瘦肉的配比，调料的配方，每家各不相同。大致制作流程是把猪头剔骨、除毛、起肉、去污、洗净，入锅加水煮去血污，放点高度酒辟除膻味，捞起来后再漂洗两遍清水。处理好的猪头皮（现在大多直接用猪皮）加生抽、盐、香料进行卤制，再次加入高度酒辟味，卤熟之后捞出来沥干冷却，再剔除肉里面相嵌连的脆骨，候用。现在原材料多用花肉和猪皮，可省去若干环节。

在卤制猪头皮的同时，另一边改刀过的猪后腿肉要开始炒制，加入蒜泥、生抽和酒同炒，先用文火，慢慢炒出猪油，确保不会粘锅之后再转武火，这是整个炒制过程最关键、最难的环节。然后加入八角、桂皮、香叶、丁香、川椒等香料和白糖调味。最后加入卤好的猪头皮一起炒匀，方可熄火。有师傅统计过，一模猪头粽，从头到尾要炒三四千次。

炒制后冷却降温，滤掉猪油，再塑形。传统做法要先包腐皮，再包麻布，然后才可以放入木制模具，上面用大石头压制。做出来如“灰塗角”（潮汕本地一种未经烧制的土砖头）一般大小，呈棕褐色，售卖时根据需要切块称重。而今在澄海樟林的中山路、莲下的莲阳大街、隆都的店市等地还时常可见。

猪头肉（或猪皮）含有大量胶原蛋白，猪头粽口感弹韧，香味丰富，

猪头粽（摄影：韩荣华）

是一种吃起来很有满足感的食物，同样适用于配酒、配茶、配糜。猪头粽还是宴席上可以“上桌”的腊味，一般切成透光的薄片，做冷盘拼盘用。过去的人平时少有肉吃，猪头粽往往一上桌就被一抢而光。现在每逢时年八节祭祖，或初一、十五拜老爷，澄海不少人会选择买猪头粽来祭拜。

本世纪初盛行长方条形真空包装，既方便食用又卫生保质，猪头粽也成为澄海人外出读书、工作时随身携带的特产，或是外地亲友来访时随送的手信。

猪肉脯

猪肉脯，也叫肉干，是潮汕传统腊味的一种。腊味的出现，说明人类获取的肉食至少在短期内已经富余，因为吃不完又怕变质，才需要变着法子保存。把肉类调味腌制之后，经日晒、风干，水分消散殆尽，吃起来别有风味，于是便有了专门经营腊肠、腊肉的腊味店。

把肉类做成干制品的习俗许多地方都有，例如云南宣威和浙江金华的火腿，西藏和新疆的牦牛肉，四川和湖南的烟熏肉，广州的腊肠，等等。潮汕腊味主要以猪肉为原材料，比较著名的腊味店有老山合、老喜利、深记老雷、三正顺等等。

在潮汕，腊味店除了腊肠，通常还会卖肉脯和肉松，在澄海则多了猪头粽。

据出版于1994年的《潮汕百科全书》记载："潮汕肉脯的创制，已有近百年历史。"从时下几家百年老店所宣传的创制时间看来，大致不差。至于起源，则难以断定，有说从本土带去南洋过番者，有说从广州学艺回潮者，有说从南洋传回者……

可以肯定的是，南洋人喜爱吃肉脯是千真万确的，如今潮汕肉脯大宗出口东南亚便是明证。20世纪90年代初期，潮汕掀起一波华侨归国潮，印象最深的是那些衣着靓丽、浓妆艳抹的华侨老阿姨们，非但早餐食糜配肉脯，闲下来也掏出猪肉脯来嚼，把本地的小孩馋得直咽口水。

猪肉脯（摄影：韩荣华）

至少到20世纪90年代之前，肉脯还不是随便都吃得起的零食，更多是作为供品、礼品，逢年过节，家里拜神或者祭祖后才能吃到的食物。

过去物资过于匮乏，农村家庭偶有肉脯之类的食物都是藏着掖着，奴仔“除人”（潮汕方言，指小孩不听话、闹腾）时才拿出来哄一哄。想想国人普遍实现吃肉自由也就近三四十年的事，此前能把肉脯作为日常零食或者杂咸是件非常奢侈的事。潮汕话形容遇到好菜贪图多吃、吃菜的量与糜饭不成配比，称“唊咸”，那时候如果有猪肉脯配糜，一定是要“唊咸”的。

《论语》有一句话说“沽酒市脯，不食”，意思是从市场买来的酒和肉脯不吃。经历过贫困生活的人，恐怕都无法理解孔子为什么这么说，那么好吃的肉脯竟然不吃！

潮汕传统的猪肉脯是用猪后腿瘦肉切成巴掌大的薄片，加鱼露、酱油、糖、酒和辛香料腌制后，晒干脱水，再烤熟而成的。整片原肉制成的肉干坚韧结实，嚼劲十足，香甜之外，还有淡淡的脯味。因为含水量极少，无需加防腐剂也可以保质，就是对牙口不好的人不大友好。

从生产的角度看则太费人工，难以大批量生产，故而现在不少肉脯制作是先把肉打散再混合成形。一部分打成肉浆，加入胡椒粉、香叶、八角、小茴香等各种香料拌匀；另一部分瘦肉切丝加入。混合之后摊开成饼状，晒至半干成形，最后再放进烤箱烤熟。做出来的肉脯口感较为柔软，老少咸宜，用来配糜、下酒、配茶、当零食都合适。

除了原味肉脯之外，时下多有创新，还变化出炭烤味、黑椒味、果蔬味等诸多口味，也有以猪肉脯的工艺制作出牛肉干者，丰富程度今非昔比。带来便宜之余，不觉让人感叹生活质量的提升，几十年前吃不起的“高端”食品，如今也变成寻常的杂咸和零食了。

姑苏香腐

美娘想食乌豆干，又爱想食海底鳗。想食葡萄姜薯汤，想食青梅槌白糖……

潮汕歌谣中的“乌豆干”，不知是指用乌豆做的“豆干”，还是指乌黑色的“豆干”？如果是后者，则极有可能是指潮州的特色小吃“姑苏香腐”，俗称“乌香腐”。

虽说潮汕人管豆腐叫“豆干”，管豆干叫“香腐”——“豆干”通常边长3厘米左右，厚度2至3厘米，含水量高；“香腐”的边长大约是豆干的两倍，厚度大约只有豆干的一半，含水量低——但潮汕地域，区域之间叫法略有差异。比如说常见的“普宁豆干”，普宁当地做法是块状有大有小，含水量有高有低，并非全然是珠三角常见的“布仔豆干”；而潮州凤凰的“浮豆干”，也是做成香腐大小，甚至更大，吃的时候再切小块。

而姑苏香腐的块形，大小皆有。讲这么多，无非想说明，比起乌豆做的豆干，“姑苏香腐”更有让人想吃的欲念。

关于姑苏香腐的起源，《潮汕百科全书》如此描述：

早年从江苏姑苏传入，俗称此名。据传清初时有江浙游方道士寄迹于潮州城道教寺观老君堂，自制了姑苏一带盛产的干豆腐，作堂内自用的斋品。后将其制作方法传授给老君堂的道士。老君堂巷口有小店叫李财利，主人与堂中道士友好，获得这豆腐的制法，生产出售。城中居民广为购食，于是名闻遐迩。每块约1寸见方，呈黑褐色，制法细腻，加糖水香料一煮、再煮至三煮，色泽艳美，韧中带爽，香味宜人。潮州生产姑苏香腐已有几百年历史。

由于潮州话中“姑苏”和“姑嫂”的读音相近，关于乌香腐的起源又有“姑嫂香腐”的说法。一份印刷于1959年8月的《潮州豆制食品厂产品简介》，其中有一篇《“老君堂”姑苏香腐》的介绍文章，标题虽称“姑苏香腐”，内文却称：

相传在一百多年以前，本镇（潮州府海阳县）三目井巷有姑嫂二人守寡，以生产此种香腐为生活收入，风行流传很广，人们叫做“姑嫂香腐”。她们在生产中极保密，不愿公开其操作过程。其邻居李宅（李财利）与其毗邻深交，获悉其概括进行研究整理，经过一个过程，才到东堤（下东平路）老君堂（元妙观）开创李财利姑苏香腐店。为什么后来改为姑苏香腐，据说这种产品与江苏省姑苏地方的产品相似，故另用此名。

尽管传说版本不一样，但都尊“老君堂”为早期乌香腐的名牌，府城至今有“老君堂香腐——艾艾”的歇后语（此处“艾”读第8声，为替字）。经过多次卤煮与晾晒，乌香腐变得柔韧富有弹性，“艾艾”的胶质口感，加上咸甜适中的五香口味，深受喜爱，是府城人家日常配粥的杂咸。

姑苏香腐（摄影：韩荣华）

对于个别府城奴仔来说，还有一个独特的记忆，如果不慎被狗咬了，可能就有姑苏香腐吃了。因为按照传统说法，被狗咬了要忌口，不能吃肉、蛋、海鲜等腥臊之物，大人们就会买点乌香腐来配粥。

20世纪80至90年代，邻近县市的百姓到潮州府城办事或游玩，时常都会买点“乌香腐”作为手信礼。当时的乌香腐基本都是鲜做的，还保留适量卤汁，口感相对干润。据说现今潮州府城水平路还有一家乌香腐是鲜做的，而市面上更多是真空包装的小块乌豆干，方便携带。汕头一些私房菜，偶尔还可见到用姑苏香腐作为前菜者。

独特的口感和香味，让人有理由相信，民谣中的“美娘”想吃的就是“姑苏香腐”。

炒豆干粒

豆腐百分之八九十都是水，水好了，豆腐才能做好，因而知名的豆腐产区多是有泉水的山区，潮汕也不例外，比如拥有潮汕第一高峰的凤凰山，比如多丘陵的普宁。有趣的是，两个地方都以油炸的“浮豆干”出名。

凤凰浮豆干，油炸后略微空心，柔韧油香，配草仔（薄荷叶），蘸辣椒蒜泥醋吃，风味独特。同样是油炸，普宁浮豆干却呈现出完全不同的状态。可能是含水量高的缘故，一入油锅就“嘁嚓啦”响，因而王敏先生在表演相声《潮汕何处不风流》时，故意将“流沙浮豆干”说成“流沙出名‘嘁嚓啦’”。

普宁豆干似乎是为油炸而生，由于加入薯粉，定型后又用黄栀汁煮过，油炸后便形成一层密封的表皮，确保内部不受影响。炸出来金黄夺目，外层酥脆焦香，内里绵软细嫩，豆香清甜，趁热蘸着韭菜盐水吃，让人欲罢不能，非但本地人喜欢，在外也深受欢迎。

这几年潮汕卤鹅已经火遍大江南北，传统的澄海卤鹅喜欢用浮油香腐垫盘。香腐经过油炸，水分尽失，一经卤煮便如海绵般将卤汁吸住，

炒豆干粒（摄影：韩荣华）

夹一块放在米饭上，立马变得咸香油滑，旧时吃不起鹅肉的，单买卤水浮油香腐配饭也可以吃得津津有味。

同样经过油炸的还有“豆干粒”和“香腐条”。豆干切粒，加薄盐腌制脱水，然后晒干储存，什么时候要吃了再拿出来油炸。潮汕民间歌谣所唱的“厝顶曝豆干，雅雅姿娘坐南山”，晒的也有可能就是豆干粒。

豆干粒虽然不起眼，却大有用处。放点油略炒一下，就可以作为杂咸配粥，也可以搭配其他杂咸同炒，比如橄榄菜豆干粒、菜脯豆干粒等，风味和口感会更加丰富。

许多潮汕小吃都会加入豆干粒或香腐条，主要作用是丰富食材，增加口感。比如潮州的鱼生糜，用做鱼生剩下的鱼头等部位煮粥，常常就会加入豆干粒。揭西棉湖的粿汁，叠碗头的除了卤猪肠、章鱼头炖香菇五花肉之外，还有标志性的豆干粒炒葱段。潮汕不少地方的肉包子，也会加入香腐条。

过去潮汕很多民间公共活动，比如五月节划龙船训练，农忙互相帮工，丧事期间招待亲友，等等，常见的伙食就是猪肉糜、鸡肉糜、鸭肉糜，而粥里面往往少不了豆干粒。

潮汕地区佛教盛行，无论案前供奉，还是庵堂用斋，豆干、香腐都

鸡肉粥里的豆干粒(摄影: 陈斯鑫)

是常客。一些居士及善男信女，初一、十五也会食斋以示虔诚。有句潮汕俗语“食无三块豆干就爱上西天”，就是讽刺某些人不事修炼，却妄想成佛。

每年农历九月，澄海新楼（盛安楼）的九皇斋，就免费以斋糜招待宾客，用来煮芳糜的主要食材就是豆干粒和香腐条。

著名潮菜师傅钟成泉先生编撰的《潮菜心解》一书收录了一道“姜香活蛋粥”。这道菜“老钟叔”的“心解”是:

此处介绍的是一种失传了的潮汕煮法及第粥，它出身于标准餐室，与广府式烹制有某些相似之处，又有改良的手段，因而让很多潮汕人喜欢。遗憾的是，由于烹制程序烦琐，该煮法渐渐被疏远。

大概做法是猪骨熬粥后去骨，加入生姜末略煮，再放猪肝、猪肉和猪粉肠等猪杂，煮好调味。生鸡蛋打入碗中，滚粥淋入后，叠上油条碎、葱花、芫荽，最后撒胡椒粉。据潮汕美食摄影师韩荣华老师介绍，以前本地油条还不是太普及的时候，“潮汕及第粥”最后叠在上面的就是豆干粒。

后记

一碗白粥，一碟咸菜，便是潮汕人最常见的早餐（摄影：韩荣华）

潮汕人以稻米为主食，且由于气候炎热，经常煮白粥吃，本地俗称为“糜”。白粥寡淡，需要有各种小菜来下粥，于是便有了“杂咸”。潮汕物产丰富，加之潮人心灵手巧，潮菜杂咸自然是丰富多样，而且有着地域性和季节性，这让我们在写这本书的时候，难以逐一细说，只能挑选比较有代表性和比较常见的杂咸来作分享。

《潮菜杂咸》全书分“杂咸八宝”和“杂咸大观”两部分。其中“杂咸八宝”选取橄榄菜、酸咸菜、菜脯、冬菜、贡菜、乌榄、咸水梅、贡腐8款潮菜杂咸精华，旨在让读者了解杂咸在潮菜里的广泛应用，展示杂咸与潮汕人的密切关系、杂咸与在外潮人的特殊情感。“杂咸大观”共50篇，主要展示潮菜杂咸的丰富多样，介绍原材料产地、历史传说、民俗应用、趣闻故事等，并简单介绍每种杂咸的制作方法。

随着时代的发展，有些杂咸已经退出历史舞台，比如曾经大量出口的腌渍莲藕，现在市面上已经很少见了。有些杂咸则随着时代而兴起，比如油浸咸鱼，过去实在没有条件消耗如此多的油来制作一款杂咸。人们的生活方式也在悄然改变，比如菜市场杂咸铺销售的品类越来越少，而超市里销售的杂咸品类却越来越多。可喜的是，一些地域性明显的小众杂咸依然顽强地留存下来，比如揭阳的牛铃、惠来的虎缇、潮州的姑苏香腐、潮阳的苦臊鲑等。

当今杂咸的制作也呈现出新的趋势：一方面是用来腌制的食材越来越高级，例如过去用来生腌的通常是小虾、小蟹，而现在常见生腌龙虾、膏蟹；另一方面是杂咸腌制普遍趋向于淡盐、健康、无添加。这反映出潮汕人民生活质量的提高和饮食理念的提升。

在田野调查中，我们深刻认识到，同一种杂咸在不同地区、由不同人操作，做法往往各不相同，书中提及的做法只是提供一种参考，并非唯一。

本书的撰写，离不开各位编委和热心人士的关心支持，在此感谢陈勉老师、曾旺强老师、陈椰老师的审稿指导，感谢韩荣华老师拍摄的精美图片，感谢王璜校长的组织协调，感谢陈澄坤秘书长的后勤支持。感谢本书文化顾问陈斯鑫先生在美食文化和历史知识等方面给予指导。在撰写过程中，还得到江伟先生、沈良平先生、黄健羽先生、张学鑫先生、余新先生、蔡特烽先生等人的帮助，特此致谢！

最后，希望读完本书对大家了解潮菜杂咸有所帮助。由于时间和水平有限，错漏难免，不足之处，恳请各位读者批评指正。